智能电网稳定预测与自愈调控理论方法

刘新东　著

電子工業出版社
Publishing House of Electronics Industry
北京 · BEIJING

内 容 简 介

当前电网规模的日益扩大、特高压线路的运行、交直流电网的混合运行、间歇性新能源的并网、柔性输电装置的使用、大量信息设施投入等特点，决定了我国智能电网发展面临巨大的挑战。本书围绕智能电网的研究背景、相量测量单元优化配置、关键线路辨识、暂态安全稳定预测、自愈稳定控制、失步解列技术、新能源消纳、电网深度调峰、联络线功率波动抑制，以及相关配电网运行技术等进行系统化的研究和探讨。

本书内容丰富，针对我国智能电网的快速发展，探讨了以电网安全稳定与控制为核心的若干关键技术问题，具有较高的科研参考价值。

本书可供电力自动化相关专业的技术人员阅读，也可供高等院校相关专业的师生阅读。

图书在版编目（CIP）数据

智能电网稳定预测与自愈调控理论方法 / 刘新东著. —北京：电子工业出版社，2017.6
ISBN 978-7-121-31805-4

Ⅰ. ①智… Ⅱ. ①刘… Ⅲ. ①智能控制－电网－研究 Ⅳ. ①TM76

中国版本图书馆 CIP 数据核字（2017）第 130252 号

责任编辑：许存权　　特约编辑：谢忠玉　等
印　　刷：北京虎彩文化传播有限公司
装　　订：北京虎彩文化传播有限公司
出版发行：电子工业出版社
　　　　　北京市海淀区万寿路 173 信箱　邮编 100036
开　　本：720×1 000　1/16　印张：12.5　字数：218 千字
版　　次：2017 年 6 月第 1 版
印　　次：2023 年 9 月第 2 次印刷
定　　价：89.00 元

凡所购买电子工业出版社图书有缺损问题，请向购买书店调换。若书店售缺，请与本社发行部联系，联系及邮购电话：（010）88254888，88258888。

质量投诉请发邮件至 zlts@phei.com.cn，盗版侵权举报请发邮件至 dbqq@phei.com.cn。

本书咨询联系方式：（010）88254484，xucq@phei.com.cn。

序 言

PREFACE

电气化是现代社会发展水平的重要标志，电力作为基础能源与现代社会息息相关。电网是维系电力供需的纽带，是国民经济健康发展和国民生活维持正常秩序的重要保障，电网安全亦关系国家安全。我国电力建设蓬勃发展，逐步形成了以特高压为骨干网架和大规模间歇式电源接入的大区域电网互联。大区域互联电网具有空间上广域、数学上超大规模、商业运行电压等级最高等特点，实现了资源的优化配置，在带来重大经济效益的同时，也带来了巨大风险。最新研究指出，电力系统大停电在统计上呈现一种自组织临界的特性，其分布满足幂律分布，这表明即使对强壮系统，仍然存在发生大停电的风险和可能性。大电网的安全稳定运行已成为我国乃至全世界电力工业的难题和关注焦点，加强电网安全防御和提高供电可靠性，降低电力系统运行风险，已成为一个亟需解决的重大问题。

智能电网是建立在集成的、高速双向通信网络的基础上，通过先进的传感和测量技术、先进的设备技术、先进的控制方法以及先进的决策支持系统技术的应用，实现电网的可靠、安全、经济、高效、环境友好和使用安全的目标。智能电网是以物理电网为基础，将现代先进的传感测量技术、通信技术、信息技术、计算机技术和控制技术与物理电网高度集成而形成的新型电网，与传统电网相比，智能电网将进一步整合系统中各种实时生产和运营信息，拓展对电网全景信息获取能力，具有坚强、可靠、通畅的实体电网架构和信息交互平台，从而实现电网自适应调整及自愈控制。本书根据作者近年来的研究成果，编写了这本与智能电网安全稳定技术密切相关的著作，共有 14 章。第 1 章介绍本书的研究背景；第 2 章介绍一种相量测量单元（PMU）的优化配置方法；第 3 章介绍电网关键线路辨识方法；第 4 章介绍以 PMU 为基础的暂态稳定控制预测方法；第 5 章介绍以发电机功角为对象的暂态稳定自愈控制方法；第 6 章介绍配电网的自愈控制方法；第 7 章介绍大电网失步解列断面捕捉方法；第 8、9 章针对我国大面积弃风现象，提出了提高风电消纳能力的分析方法；第 10 章进一步结合我国弃风弃光问题，提出了深度调峰模型；第 11 章提出了特高压联络线的功率波动抑制方法；第 12、13 章配电网运行的电压稳定及三相不平衡优化方法；第 14 章为总结与展望。

本书依托于国家自然科学基金项目（51377072）的支持，借鉴国内外在电网自愈控制方面现有的理论成果，并结合作者在智能电网安全分析评价领域的大量工作积累，针对智能电网安全稳定预测及自愈调控等方面进行阐述。尽管相关工作已取得了一定的研究成果，但这些研究成果还相当初浅，希望得到国内国际同行批评指正，以期有机会改进。

暨南大学电气信息学院
刘新东

目　录

CONTENTS

第1章 概　　述

1.0 问题的提出

近年来，世界范围内的电力系统发生了深刻的变化，大型互联电网的形成、大规模间歇式能源的并网运行、柔性交流输电系统的投运以及电力市场改革的深入，在增加系统输电能力和运行灵活性的同时，也使得现代电力系统的动态行为变得异常复杂，由局部故障引发电力灾难的风险大大增加[1-2]。仅 2003 年一年内，美国、加拿大、英国、意大利、俄罗斯就相继发生了多起大停电事故；2006 年 11 月 4 日欧洲发生大停电，超过 1000 万人受到影响；2008 年 26 日美国弗罗里达州发生大停电事故，影响了超过 400 万人的生活；2011 年 3 月 11 日，日本遭遇海啸，导致了严重的核电站泄漏事故及用电危机，东京电网损失 22GW 电源，对外联络线的最大支援能力仅 3GW，被日本首相称为“二战后，甚至历史上最大的危机”；2012 年 7 月 30 日和 31 日，印度连续发生两次大面积停电事故，覆盖了一半以上的国土，直接影响 6 亿多人的生活。在我国，2005 年 9 月 26 日海南电网的电力设施遭到台风的严重破坏，最终导致系统全部瓦解；2008 年年初我国南方的罕见冰灾先后造成了超过 3.6 万条 10kV 及以上电力线路、2 千多座 35kV 及以上变电站的群发性停运，造成了难以估计的重大损失；2012 年 4 月 11 日，广东省深圳电网因 500kV 变电站设备故障发生大停电，超过百万人受到影响。

早在1990年，美国国会的技术评价办公室就发表了一篇关于电力系统脆弱性的专门报告，详细阐述了自然灾害和人为攻击情况下电力系统自身存在的脆弱性；2000年，美国著名学者C.C. Liu分析并厘清了电力系统脆弱性的来源，提出将脆弱性的评估方法体系应用于电网的安全防御体系；2010年8月，北美电力可靠性协会发表白皮书指出，现有的可靠性指标不能完全满足运行风险测度的要求，需要对传统的可靠性进行升级，并进一步提出系统运行风险的概念。随着电力系统广域安全与控制等研究的不断深入，全球电力系统由于各种突发事件或事件导致的大面积长时间停电事故不断发生，其原因固然多样，但无法细致准确地评估电力系统的各种脆弱源及其风险，无疑是最重要的原因之一，这也加深了对我国未来电力系统发生大停电事故的担忧[3]。

为了保证大电网的安全稳定运行及能源的可持续发展，西方国家相继提出了建设智能电网的目标。然而由于西方各国的能源资源结构、产业布局与经济发展规划等国情不同，对智能电网的理解和发展的侧重点也有所不同，关于智能电网的发展思路、核心内容、发展趋势等问题也未形成共识。我国作为一个能源消耗大国，对智能电网的发展既没有采取观望和跟随的消极态度，也没有盲目冒进，而是制定了结合我国自身国情的战略发展目标。在2009年5月21日召开的"2009特高压输电技术国际会议"上，国家电网公司向社会公布了"智能电网"的发展计划，提出了以特高压为骨干网架，各级电网协调发展，具有信息化、数字化、自动化和互动化为特征的统一坚强智能电网的发展目标。智能电网概念的提出为我国电网安全稳定控制相关研究提供了新的研究视角。

随着特高压电网的架设、新能源的接入、电网控制手段的增加以及信息网络技术的快速发展，我国已逐步形成特大型的互联电网，旧的"三道防线”技术越来越不能适应当前电网发展的需要。目前的电力系统安全防御系统多采用基于局部信息的设计思想和静态防御的构架，导致电力系统的动态过程和安全防御系统的响应过程，在时间尺度上存在明显的差异，使现有的安全防御体系不能满足超大规模电力系统控制、保护及安全防御的要求。对于联络线上的波动、电压稳定性恶化、连锁故障演化初始阶段等情况，调度中心可能根本无法意识到事件的严重程度和后果，也使得传统的基于事件驱动/检测的预决策难以正确启动。事实上，随着电网运行工况的恶化，系统的脆弱性在逐步增加，比较有效的方法是结合风险理论和各种自愈控制方法实现大电网连锁故障的预防与紧急控制，但目前来说，智能电网的自愈控制研究目前仍然处于摇篮阶段，仍然有很长的路要走，本书借鉴生物及复杂系统等领域自愈的概念，遵循“简单、实用、理论严密”的原则，阐述从大电网的安全分析、风险分析到探索电网的自愈控制。

1.1 国内外研究现状

现有的大电网安全防御体系如图 1-1 所示，一般采用“三道防线”的控制策略：第一道防线的任务是在不损失电源和负荷的前提下，保证系统在非严重故障下的稳定性；第二道防线是减少系统在严重故障下失稳的风险；第三道防线是弥补前两道防线的欠控制或拒动造成的风险，避免系统在极其严重的故障下发生大停电。“三道防线”研究的重点着力于电力系统建模的精细化、数据采集的广域化、稳定分析的定量化，但其基于离线预决策的控制方法在大电网运行环境下，可能出现典型工况、故障场景与连锁故障形态的组合爆炸，传统的离线预决策方式越来越成为瓶颈，特别是在需要考虑连锁故障时，离线预决策所依据的典型工况不再具有实际意义；其次，目前的三道防线是孤立设置的，彼此之间缺乏协调，往往脱离全局目标而执行局部控制，即使全部正确动作也可能因动作的无序性导致电网崩溃；最后，按照“三道防线”控制策略，在系统出现危险状况时，往往采取牺牲局部保全整体的方案，却也付出了过度控制的代价。

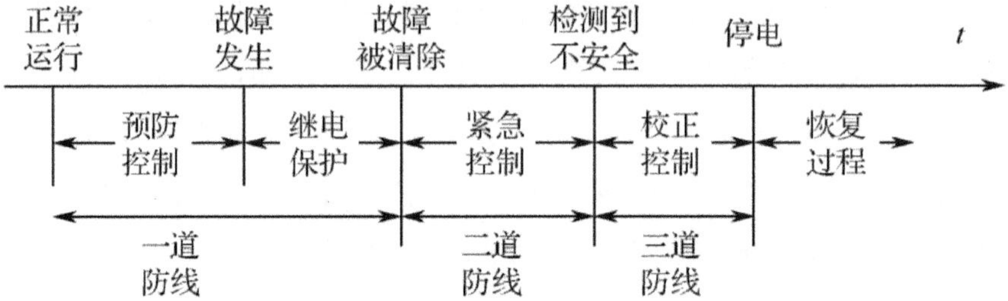

图 1-1　现有的安全防御体系

美国、欧盟等一直将电网的安全防御体系作为保障国家安全的重点研究领域。美国拥有世界上规模最大、技术最先进和体系最强壮的电网，并且一直关注电网的安全防御问题，并将连锁故障导致的大停电作为保障国家安全的重点防御领域。从 20 世纪 90 年代起，美国已经开展了几个耗资上千万的电力系统安全防御研究项目，分别由国防部、能源部、EPRI 主持，并联合工业界与著名大学参与，然而，从 1990 年至今的 20 余年间，美国相继发生了多次震惊世界的大停电灾难性事故，这深刻说明了现有的安全体系难以有效防御电网的大停电事故。EPRI 的研究报告显示，全美每年由于停电事故造成的损失在 1040 亿美元至 1640 亿美元之间，若能实现电网的自愈控制，则至少可以降低其中 20%左右的损失[4]。探索新形势下的大电网连锁故障安全防御体系，实现智能电网的自愈控制，既具有重要理论意义，更具有重大价值工程，对于我国智能电网的规划、运行与管理都具有重要意义。

智能电网具有自愈、可靠、预测、安全、互动、优质、高效、协调、集成、兼容十大特点，它不但消纳各种随机性和间歇性的电源，允许各种清洁能源发电并入，而且及时发现故障，并提供在线决策支持，通过各道防线实施控制。智能电网具有自我感知、自我防御、自我愈合及自我免疫的能力，其中自我感知是对电网当前运行状态的实时感知，是智能电网实现自愈控制首先要面临的重要问题，与传统的状态估计相比，它在感知对象、感知信息渠道和感知速度上都有着显著的不同。如文献[5]提出利用断路器在线健康状态的停运模型，来评估其对整体电网安全性的影响，此外也有不少文献提出了发电机、变压器、线路等电力设备[6]的在线感知方法，这些都为智能电网运行状态的全局感知提供了有利条件。

智能电网实现自我感知需要大量的实时运行数据，而我国在电力系统信息方面，已逐步形成了包括各级电网调度自动化系统、广域测量系统、配电自动化系统、变电站综合自动化系统等各种信息平台，这些庞大而复杂的信息网络一方面为智能电网实现自愈控制提供了必要的信息来源，另一方面这些繁杂的数据涉及多个领域的多种数据模型，特别是当信息网络或某个故障引起系统出现异常时，将会出现更多的异常报警数据[7]，使调度决策人员陷入异常或者海量的数据之中无所适从。文献[8]分析了美国“9·8”大停电过程中由于调度人员对电网全局状态的把握不足，错失了电网最佳的调控时间；文献[9]进一步提出利用人工协调防御的方法来增强调度人员对电网全局运行状态的感知，但是人工防御具有主观性，对于同一个物理问题，由于关注角度不同，可能获得截然相反的结论，因此，亟需探索智能电网运行状态的感知方法，为实现自愈控制打下基础。

图 1-2 为美国、加拿大“8·14”大停电过程图。

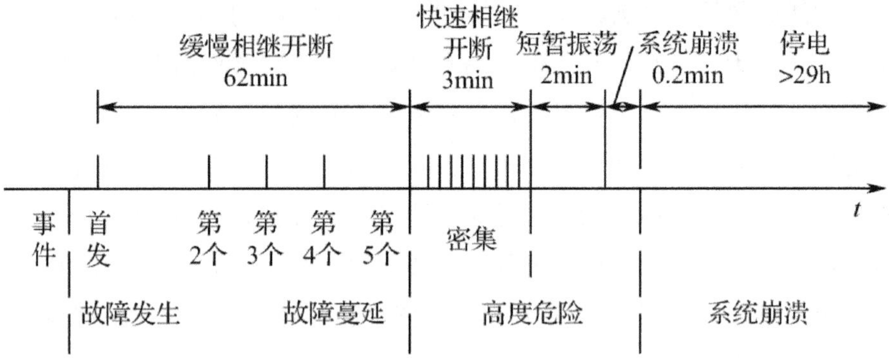

图 1-2　美国、加拿大“8 · 14”大停电过程

从国内外电网连锁故障大停电机理的研究现状可以发现，学者们已经对复杂电网连锁故障的机理进行了一定研究，目前取得的初步研究成果主要涉及以下三个方面[10-12]。

（1）基于模式搜索法的电网连锁故障研究

模式搜索法是通过解析法和随机模拟等方法对电网进行故障仿真计算，通过建立符合电网实际物理过程的模型和算法对电网的连锁故障进行模拟，包括对初始扰动的发生、电网电气量的变化以及二次设备的动作等主要事件的模拟，其缺点在于普遍存在计算时间过长，难以实时在线应用，工程实用价值不大。

（2）基于复杂网络理论的电网连锁故障研究

复杂网络的研究处于蓬勃发展的阶段，来自统计物理学、计算机网络、生态学和社会学等不同领域的研究者对大量现实存在的复杂网络对象进行了广泛深入的研究，发现大规模的雪崩式连锁故障是复杂网络共有的故障模式，与网络本身的动力学特性密切相关。考虑到电力网络本身就是一个典型的复杂网络，许多学者借鉴了复杂网络连锁故障的研究成果，试图从小世界网络和无标度网络的角度去研究电网拓扑对连锁故障脆弱性的影响，其不足在于忽略掉了电力系统本身复杂的动态过程，因此，所得到研究结果的可靠性难以令人满意。

（3）基于复杂系统理论的电网连锁故障研究

复杂系统理论作为一门新兴的交叉学科引起了国内外学者的广泛关注，美国学者 Dobson、Carreras 等应用复杂系统理论研究大停电的发生机理，并提出了 OPA 模型、改进 OPA 模型、CASCADE 模型和分支过程模型等。关于 OPA 模型的诸多研究仅从统计学的角度给出了电网连锁故障具有自组织临界性的结论，对电网自组织发展的长时间过程和连锁故障传播的短时间过程缺乏量化的评估研究。CASCADE 模型直观地再现了系统自组织临界点和负荷转移参数间的密切关系，但该模型和实际电力系统的连锁故障还有很大出入。分支过程模型是对 CASCADE 模型的近似，通过引入参数λ给出了连锁故障传播定量分析方法，简化了数学模型。分支过程近似抓住了连锁故障的主要特征，但与实际连锁故障过程的物理意义之间的对应关系不是十分明确。

目前的这些研究大幅度简化电力系统的模型，所得到研究结果的可靠性难以令人满意，而且这些研究方法普遍存在计算量巨大，难以实时在线应用的缺点。

1.2　智能电网的核心是自愈

智能电网的核心是自愈，自愈的概念源于生物医学界，在系统理论中定义为系统的一种能够察觉自身状态，且在干预的情况下采取适当的调整以恢复常态的性质。从本质上讲，自愈就是智能电网的“免疫系统”，自愈电网需要进行连续不断地在线自我评估以预测可能出现的问题，发现已经存在的或正在发展的问题，并立即采取措施加以控制或纠正。大停电事故往往由偶然故障引发相继开断，并逐步演化为电力灾难，针对具有典型意义的美加“8·14”大停电事故原因，美国能源部的调查报告指出，由于电力公司和电网监测中心未及时做出准确的分析和判断，没有在事故间隙内及时采取有效措施，使得系统在多重相继开断下变得脆弱，最后发展为大停电。

事实上，在大停电过程中，总是伴随着电网各子系统的竞争和合作，具有自组织临界性，其过程也具有可预测性和阻断性。近年来快速发展的广域测量系统为智能电网的自愈控制带来了新的发展契机。文献[13-15]提出在现有“三道防线”的基础上，设计了自适应时空优化的停电防御框架，增加各道防线之内的优化控制以及不同防线之间的协调，防御由相继事件演化为大停电灾难的可能性；在国外，也开展了电力基础设施战略防护系统（Strategic power infrastructure defense，SPID）、综合能源及通信系统体系结构（Integrated energy and communication architecture，IECSA）及智能电网体系结构[16-18]等相关研究，这些都为智能电网实现自愈控制提供了很好的可以借鉴的理论研究方向。

James D. McCalley 引入风险理论评估脆弱性，将系统的风险指标定义为[19]事故发生的概率与事故产生的后果即严重度的乘积，利用严重度函数来描述事故对电力系统产生的后果。目前风险的概念已被广泛应用于电网各类安全性问题和主要供变电设备的安全性评估等方面，这些为我们探索利用风险驱动策略实现智能电网的自愈控制提供了有利的条件。在电网大停电的过程中，往往是由于没有在事故间隙内及时采取有效措施，系统在多重相继开断下变得越发脆弱，系统运行的风险也在逐步增大。如果将风险按每一类安全性问题进行计算，可以将系统的整体风险评估分解成对各类安全事故的评估，计算不同类型的风险指标值，即可以借鉴生物或复杂系统领域风险驱动和自愈的概念[20-21]，以风险指标驱动智能电网的运行与控制。文献[22]描述了大型互联智能电网的若干理论研究方向，指出未来电网安全与保护控制方案应以实时风险评估为基础；文献[23]提出了一种分层分区的多维时间尺度下的自愈优化控制方案；文献[24]给出了某一特定环境下自愈控制策略；其他也有不少文献给出了分布式电网的自愈控制方案[25-26]。应当看到，大型互联电网的自愈控制是一种完全不同于传统稳定控制的新概念和新理念，以自愈为理念构建智能电网安全防御体系的研究也在逐步发展，但目前大多都处于概念性构架和探索阶段。本书将系统全面地研究以智能电网自愈控制的相关技术，探索智能电网风险驱动自愈策略，为构建符合我国国情的智能电网安全防御体系提供理论与技术支持。

参考文献

[1] 卢强. “我国电力系统灾变防治与经济运行的重大科学问题的探究”项目简介. 电力系统自动化，2000，24(1):1-6

[2] C.C. Liu. Strategic power infrastructure defense (SPID): A wide area protection and control systems. Proceedings of IEEE/PES Trans & Distr. Conf. , 2002, 500-502

[3] 韩祯祥，曹一家. 电力系统的安全性及防治措施. 电网技术. 2004，28(9): 1-6

[4] DOE. Understanding the benefi ts of the smart grid, 2010 [Online]. Available: http://www.netl.doe.gov/

[5] 郭磊，郭创新，曹一家，等. 考虑断路器在线状态的电网风险评估方法. 电力系统自动化，2012，36(16):20-24

[6] 吴耀武，娄素华，余永泉，等. 电力市场环境下输电线路过载风险评估. 电工技术学报，2012，27(2):198-203

[7] 方勇杰，鲍颜红，徐泰山，等. 人工紧急调控与自动紧急控制协同防御. 电力系统自动化，2012，26(22):6-11

[8] 方勇杰. 美国“9 • 8”大停电对连锁故障防控技术的启示. 电力系统自动化，2012，36(15):1-7

[9] 曹一家，张宇栋，包哲静. 电力系统和通讯网络交互影响下的连锁故障分析. 电力自动化设备，2013，33(1):7-12

[10] J. Chen, J.S. Thorp, I. Dobson. Cascading dynamics and mitigation assessment in power system disturbances via a hidden failure model. Electrical power and Energy Systems, 2005, 27 :318-326

[11] 曾明，李红林，薛松，等. 系统安全背景下未来智能电网建设关键技术发展方向. 中国电机工程学报，2012，32(25):175-181

[12] 范文礼，刘志刚. 基于复杂网络的电网连锁故障模型研究综述. 电力系统自动化，2012，36(16):124-131

[13] 薛禹胜. 时空协调的大停电防御框架（一）：从孤立防线到综合防御. 电力系统自动化，2006，30(1):8-16

[14] 薛禹胜. 时空协调的大停电防御框架（二）：广域信息、在线量化和自适应优化控制. 电力系统自动化，2006，30(2):1-10

[15] 薛禹胜. 时空协调的大停电防御框架（三）：各道防线内部的优化和不同防线之间的协调. 电力系统自动化，2006，30(3):1-11

[16] Amin M. Toward a self-healing energy infrastructure. IEEE power engineering society general meeting, 2006

[17] 柳明，何光宇，沈沉，卢强. IECSA 项目介绍. 电力系统自动化，2007，30(13):99-104

[18] 王明俊. 自愈电网与分布能源. 电网技术，2007，31(6):1-7

[19] Fei Xiao, James D. McCalley. Power system risk assessment and control in a multi-objective framework. IEEE Transaction on Power System, 2009, 24(1): 78-85

[20] Debanian Ghosh, Raj Sharman, H.Raghav Ral, et al. Self-healing systems- survey and synthesis. Decision support systems, vol. 42, pp:2164-2185, 2007

[21] 黄蒙，舒风笛，李明树. 一种风险驱动的迭代开发需求优先级排序方法. 软件学报，2006，17(12):2450-2460

[22] Mladen Kezunovic, Vijay Vittal, Sakis Meliopoulos, et al. The big picture: Smart research for large-scale integrated smart grid solutions. IEEE power & energy magazine. 2012

[23] Khosrow Moslehi, Ranjit Kumar. Vision for a self-healing power

grid. 2006 [Online]. Available: http://www.abb.com/

[24] You H, Vittal V, Yang Z. Self-healing in power system: an approach using islanding and rate of frequency decline-based load shedding. IEEE Transactions on power systems, 2003, 18(1):174-181

[25] 李天友，徐丙垠. 智能配电网自愈功能与评价指标. 电力系统保护与控制，2010，38(22):105-108

[26] Gao Xiang，Ai Xin. The application of self-healing technology in smart grid. 2011 Asia-Pacific power and energy engineering conference, 2011, Wuhan, China

第2章 电网 *N*−1 条件下不失去可观测性的 PMU 优化配置方法

2.0 引言

基于全球定位系统（global position system，GPS）技术和离散傅里叶变换（discrete Fourier transform，DFT）原理的同步 PMU[1-5]是 WAMS 的核心组件，能提供统一时空坐标下的高精度电压和电流向量测量，并通过高速通信网络把数据传送到调度中心。如果全网所有母线都配置了 PMU，则整个系统是完全可观的，不需要进行任何迭代计算。但 PMU 价格昂贵，会使项目投资较大，因此，比较现实的做法是在初期安装一定数量的 PMU 以保证系统可观，以后再逐步增加 PMU 安装数量，以提高测量冗余量。

目前对 PMU 配置优化的工作主要集中于全网可观测条件下减少 PMU 的数量，如采用数字规划法[6]、改进克隆记忆法[7]、禁忌搜索法[8]、深度优先搜索法、图论法、模拟退火法[9]和最小树生成法[10]等方法进行最优配置。但是，这些方法没有考虑到电力网络在拓扑结构发生变化的情况下某些关键线路失去可观测性的严重情况。文献[11]中的最小树生成法虽然考虑了 *N*−1 情况，但其需要配置 PMU 的数目较多，没有很好地兼顾系统的经济性；文献[12]从连锁故障角度考虑 PMU 的优化配置，但是，该方法所用连锁故障模型过于简化，很难准确预测出实际电网的连锁故障传播路径，另外，该方法也未给出系统鲁棒性和经济性之间的关系。

事实上，影响电力系统稳定的常常是一些关键线路，它们通常也是系统中的薄弱环节，一方面，这些线路的故障会对系统性能产生较大影响，在故障发生时，人们希望能快速准确地判断出这些线路故障的类型、位置及系统的稳定性如何，这需要最能体现短路特征的潮流量[14-18]，如短路线路两端的电压、相位及故障线路附近的潮流变化等，因此，应对这些关键线路进行重点监测，保证这些线路两端节点在 N-1 下仍然可观；另一方面，文献[11]指出，对于 IEEE118 节点测试系统来说，保证系统正常情况下完全可观的 PMU 最少数目为 29 个，而保证系统在 N-1 下可观的 PMU 最少数目为 63 个，其安装费用相差超过一半。本章提出一种折中方案，既保证与关键线路相连的母线在 N-1 下可观，又保证剩余母线在正常情况下完全可观，这种双模式的配置方案不仅保持了系统的鲁棒性，又很好地兼顾了系统的经济性。该方案首先使用复杂网络理论对电力系统的输电线路进行脆弱性辨识，并定义与脆弱线路相连的母线不可观测的系统鲁棒性损失模型；然后利用模拟退火法求出系统正常情况下所有母线均可观测的 PMU 最小数目，以此为基础，逐步增加 PMU 数目，建立系统鲁棒性损失和经济性之间的关系。最后，以 IEEE30 节点为例，对算法进行模拟仿真和统计分析。

2.1 WAMS 可观测性分析

2.1.1 可观测性分析的定义

在电力系统中，电压相量可观测或可求出的节点称为可观测节点，否则为不可观测节点。若系统的所有节点均为可观测节点，则系统为完全可观测系统，反之系统称为不完全可观测系统[12-13]。

（1）代数可观测。

对于一个 N 节点 m 个测量量的电力系统，其代数可观测性可描述为如下线性测量方程：

$$\boldsymbol{z}=\boldsymbol{Hx}+\boldsymbol{v} \tag{2-1}$$

式中，z 为 m 维测量相量；$\boldsymbol{H}$ 为 $m\times(2N-1)$维测量雅克比矩阵；$\boldsymbol{x}$ 为 $2N-1$ 维电压状态相量；$\boldsymbol{v}$ 是误差向量，向量中元素服从 $N(0,\sigma_i^2)$ 的正态分布。

如果测量雅克比矩阵 $\boldsymbol{H}$ 是满秩和良态的，即满足 $\text{Rank}(\boldsymbol{H})=2N-1$，则这个系统是代数可观测的。

（2）拓扑可观测。

从图论角度可将电力系统看作一个由 N 个顶点 b 条边构成的图 $\boldsymbol{G}=(\boldsymbol{V},\boldsymbol{E})$，$\boldsymbol{V}$ 为图的顶点集合，$\boldsymbol{E}$ 为图的边集合，它们分别对应系统的母线和支路集合。测量网络构成了一个测量子图 $\boldsymbol{G}'=(\boldsymbol{V}',\boldsymbol{E}')$，并有 $\boldsymbol{V}'$包含于

V，E'包含于 E。如果测量子图 G'与图 G 的关系满足 V 包含于 V'，即子图 G'包含了图 G 的所有定点，则系统是拓扑可观测的。

2.1.2 PMU 配置规则

（1）一条已经配置了 PMU 的母线，其电压及连接到该母线的每条支路的电流都能被测量。

（2）若支路一端装有 PMU，则该支路另一端的节点电压能被虚拟测量。

（3）若已知支路两端节点电压，则该支路电流能被虚拟测量。

（4）除一条支路外，若其余与某节点相连的所有支路电流都已知，即支路上的电流能利用基尔霍夫电流定律计算出来，则未知电流支路的电流能被虚拟测量。

2.2 脆弱性线路辨识

2.2.1 脆弱性简介

“脆弱性”是复杂网络研究中的一个热点，其基本定义为：从网络中有选择地移去某个节点或某条线路，以网络性能因此而下降的程度衡量此节点或线路的脆弱度[19-21]。脆弱线路的拓扑图由电网中脆弱线路组合而成，其重点在于如何对网络中的脆弱线路进行辨识。文中采用文献[21]中的基于复杂网络理论的脆弱线路辨识方法，该方法以线路的脆弱度为指标，同时从全局和局部、有功和无功两个方面综合衡量，具有概念清晰、计算量小等优点。

2.2.2 全局性指标

全局性指标包括传输路径的加权长度和指标 L_T、平均传输距离 L_a，前者主要反映有功功率的传输路径，后者则可衡量系统运行于某平衡节点时的有功功率传输效率。

在电力系统中，发电机节点一般向多个负荷提供有功功率，负荷节点一般从多台发电机节点吸收有功功率，为回避传输路径权重难以确定的问题，提出线路加权长度和指标 L_T，即

$$L_T = \sum_r \sum_{l(r)} (p_r w_l) = \sum_l \sum_{r(l)} (p_r w_l) = \sum_l (w_l \sum_{r(l)} p_r) = \sum_l (w_l P_l) \tag{2-2}$$

式中，下标 r 指任意一条路径；下标 l 指任意一条线路；$l(r)$指传输路径 r 经过的所有线路；$r(l)$指所有经过线路 l 的传输路径；p_r 为传输路径 r 的有功功率；w_l 为线路 l 的长度，文中线路长度用电抗来表示；p_l 为线路 l 传输的有功功率，即等于所有经过线路 l 的传输路径传输的有功功率之和。

平均传输距离 L_a 定义为传输路径的加权长度除以系统传输的有功功率总量的商，它避开了潮流追踪问题，用于评估某连通子网的传输效率，可反映出网架结构对有功传输的便利性。其计算公式为

$$L_a = L_T / \sum_{v \in V} P_v = \sum_l (w_l p_l) / \sum_{v \in V} P_v \tag{2-3}$$

式中，p_v 指节点 v 吸收的有功功率，V 是所有节点的集合。

2.2.3 局部变化量指标

局部指标则是为评估线路故障对系统局部无功平衡的影响，需要计算出故障后各发电机节点的无功出力和负荷节点的电压。局部指标包括局部电压变化量指标 D_u 和局部无功变化量指标 D_q。

局部电压变化指标是用于衡量故障线路附近的发电机节点受影响程度，其计算公式为

$$D_u = \sum_{s \in S(l)} |U_s - U_{s0}| \tag{2-4}$$

式中，$S(l)$为受线路 l 故障影响显著的负荷节点集合；U_s 和 U_{s0} 分别为故障后和故障前负荷节点 s 的电压（标幺值）。如果线路 l 故障后，负荷节点电压下降超过 a_1，则认为此负荷节点受到显著影响。

局部无功变化指标是用于衡量故障线路附近的负荷节点受影响程度，其计算公式为

$$D_q = \sum_{g \in G(l)} [(Q_g - Q_{g0}) / Q_{g\max}] \tag{2-5}$$

式中，$G(l)$为受线路 l 故障影响显著的发电机节点集合；Q_g 和 Q_{g0} 分别指故障后和故障前发电机 g 的无功出力；$Q_{g\max}$ 指发电机 g 的无功容量。如果线路 l 故障后，发电机节点无功出力增加超过其容量的 a_2，则认为此发电机节点受到显著影响。

2.2.4 综合脆弱度指标

在得到所有故障的各个指标之后，首先应对这些指标进行归一化处理，以 L_{a} 为例，简要说明其归一化结果 $\tilde{L}_{\mathrm{a}}$ 的计算方法，即

$$\tilde{L}_{\mathrm{a}i} = (L_{\mathrm{a}i} - L_{\mathrm{a\_min}}) / (L_{\mathrm{a\_max}} - L_{\mathrm{a\_min}}) \tag{2-6}$$

式中，$\tilde{L}_{\mathrm{a}i}$ 和 $L_{\mathrm{a}i}$ 分别为第 i 条线路故障后的 $\tilde{L}_{\mathrm{a}}$ 指标和 L_{a} 指标；$L_{\mathrm{a\_min}}$ 和 $L_{\mathrm{a\_max}}$ 为所有故障后 L_{a} 的最小值和最大值。

其他指标的归一化方法与之类似，从式（2-6）中可看出，归一化之后的结果取值范围为 0～1 之间。

综合脆弱度指标为归一化指标的加权和，其计算公式为

$$I_i = [\tilde{L}_{\mathrm{a}i} + (\tilde{D}_{ui} + \tilde{D}_{qi}) / 2] / 2 \tag{2-7}$$

式中，I_i 为第 i 条线路的脆弱度；$\tilde{L}_{\mathrm{a}i}$、$\tilde{D}_{ui}$ 和 $\tilde{D}_{qi}$ 分别为第 i 条线路故障后的 $L_{\mathrm{a}i}$、D_{ui} 和 D_{qi} 指标。

如果对于第 i 条线路，满足

$$I_i \geqslant a_3 \tag{2-8}$$

则定义这条线路为脆弱线路。

2.3 PMU 的优化配置研究

2.3.1 线路故障导致的系统可观测性缺失问题

在 2.2 节列举的可观测条件中，除第 1 个条件外，其他都需要通过间接计算来实现。电力系统的拓扑改变（线路增加和缺失）都可能导致基尔霍夫定理得不到满足，从而导致部分节点不可观测。虽然在常规的 PMU 配置优化中会考虑一定的冗余方案，但限于费用约束，除了少数几种 PMU 配置方法（如考虑 N-1 情况的迭代最小生成树法及考虑 N-1 情况的直接最小生成树法等）外，大多数没有考虑网络拓扑改变对系统可观测性造成的影响，更没有建立起系统的鲁棒性和经济性之间的关系。

2.3.2 考虑 N-1 情况的 PMU 优化配置方法

通过复杂网络理论模型对电力系统进行 N-1 故障模拟和分析，发现电力系统中存在部分脆弱度的线路，这些线路的缺失对系统功能有严重影响。脆弱度越高，表明该线路对系统的影响越大，因此，PMU 的配置应当首先考虑这些高脆弱度的输电线路。

根据上述思想，首先按照线路的脆弱与否，将系统分为由脆弱线路组成的脆弱拓扑子图和其余线路组成的非脆弱拓扑子图。定义与脆弱度线路相连的母线为关键母线，也称为关键节点，其余母线为非关键母线；然后利用模拟退火法求解系统在正常情况下所有节点完全可观所需的 PMU 最小数目 N_l；利用直接最小生成树法求解系统在 N-1 情况下所有节点均可观测所需的 PMU 最小数目 N_h。本章的核心思想就是在 N_l 和 N_h 之间求出一个合适的数目 N_m，以兼顾到关键母线在系统 N-1 情况下可观测性和投资费用的约束。

对于一条关键线路来讲，脆弱性越高，则其可能对系统造成的影响就越大，对系统的鲁棒性性能的影响就越大，因此，假设由于某条关键母线在 N-1 下不可观测造成的鲁棒性能损失指标与其脆弱度成正比，即

$$S_i = a_4 I_i \tag{2-9}$$

式中，a_4 为惩罚系数，I_i 为与该母线相连的关键线路中的最大脆弱度。则系统在不同 PMU 数目下的鲁棒性能损失指标为

$$L_j = \min\left(\sum_{i=1}^{N} S_i\right), \quad j \in [N_l, N_h] \tag{2-10}$$

式中，j 为系统中安装 PMU 的数目，N 为系统中母线总数。

系统中 PMU 的安装费用通常由其安装个数来确定，即

$$F = a_5 N_m \tag{2-11}$$

式中，a_5 为单个 PMU 投资费用系数，10^6 元；N_m 为系统中安装 PMU 的总数。

如果以 PMU 数目为变量，即根据式（2-10）、式（2-11）可绘出系统的经济性-鲁棒性损失曲线。

考虑线路脆弱性的 PMU 优化配置方法的实现步骤如下：

① 使用复杂网络模型对系统进行 N-1 故障仿真和分析。

② 利用式（2-7）、式（2-8）对线路脆弱度进行评估，并形成脆弱和非脆弱两个拓扑子图。

③ 利用模拟退火法和直接最小生成树法对系统进行 PMU 配置，分别得出系统在正常情况下可观和 N-1 情况下可观的 PMU 最小数目。

④ 以步骤③中 PMU 数目为变量，利用式（2-10）、式（2-11）绘出 PMU 优化配置的经济性–鲁棒性损失曲线。

2.4 算例仿真

以 IEEE30 节点系统为例对以上方法进行测试，该系统共包含 6 台发电机、30 条母线和 41 条线路。

首先对系统进行 N-1 故障仿真，利用式（2-7）计算出线路的综合脆弱度分布情况（其中 a_1 和 a_2 分别取 0.02 和 0.2），如图 2-1 所示，从图中可看出，部分线路的脆弱度比较高。取 a_2=0.124，则可从式（2-8）中得出系统中共存在 16 条脆弱线路，其排名如表 2-1 所示。

图 2-2 为包含脆弱线路的 IEEE30 节点系统接线图，图中黑粗虚线为脆弱线路，与脆弱线路相连的节点为关键节点，在图中由黑粗实线表示。从图中可看出，关键节点共包括 14 个节点，分别为 1～10、12～13、27～28，另外，由关键节点和脆弱线路组成的拓扑子图并不是一个连通的子图。

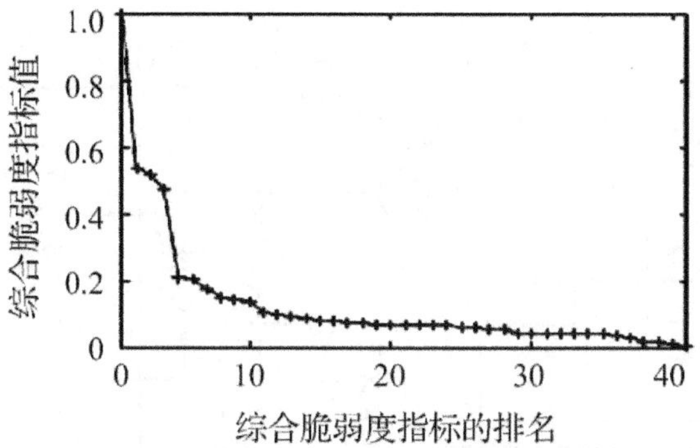

图 2-1　IEEE30 系统线路脆弱指标分布情况

表 2-1　筛选结果

排　序	脆 弱 度	线　路	排　序	脆 弱 度	线　路
1	1.000	1-2	9	0.145	5-7
2	0.537	4-12	10	0.141	6-8
3	0.520	2-5	11	0.128	12-13
4	0.474	27-28	12	0.127	3-4
5	0.209	9-10	13	0.127	8-28
6	0.204	1-3	14	0.126	10-17
7	0.172	3-4	15	0.125	2-6
8	0.149	6-9	16	0.124	6-7

利用模拟退火法和考虑 N-1 情况的最小直接生成树法对系统进行 PMU 优化配置，结果如表 2-2 所示。从表中可看出模拟退火法具有较少的 PMU 数目，但是其在 N-1 情况下不可观测的关键母线达到了 7 条，系统的鲁棒性较差，给安全带来了隐患；而考虑 N-1 情况的直接最小生成树法可满足所有母线均可观测，但是其需要配置的 PMU 数目达到了 17 个，系统的经济性较差。

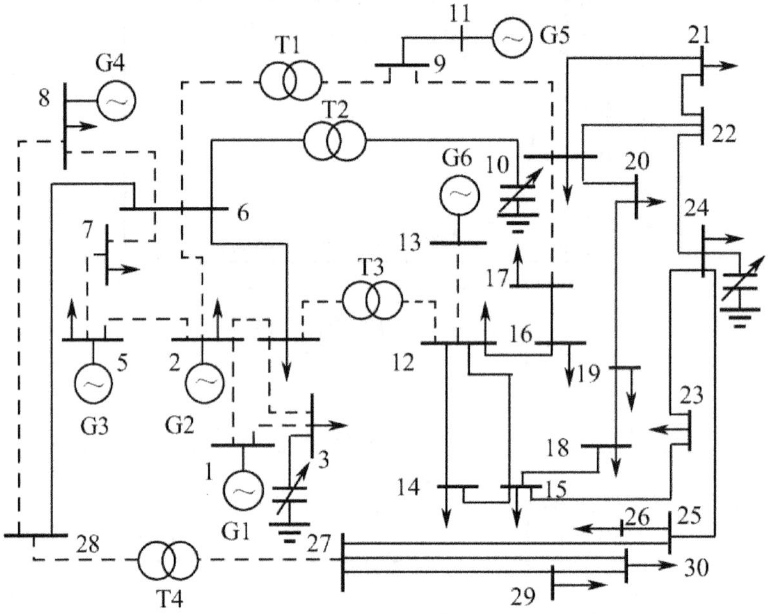

图 2-2 包含脆弱线路的 IEEE30 节点系统接线图

表 2-2 不同配置方案下的 PMU 优化配置位置及 *N*-1 情况下的不可观测点

配置方法	PMU 数目	PMU 位置	*N*-1 下不可观测节点
模拟退火法	7	2,3,10,12,19,23,27	2,5,8,9,13,17,28
直接最小生成树法	17	2,3,7,8,9,12,14,17,18, 20,21,22,23,25,28,29,30	无

鉴于上述两种方法的不足，本章提出一种兼顾鲁棒性和经济性的方法，即在模拟退火法的基础上，逐步增加 PMU 的数目，使两者达到一个较好的平衡。取 a_4=1，a_5=1，利用式（2-10）、式（2-11）可得到系统的经济性–鲁棒性损失曲线，如图 2-3 所示，注意 a_4 和 a_5 的取值可根据实际工程经验取值。从图中可看出，鲁棒性损失曲线和投资曲线的交点为 C。如果在可接受的鲁棒性损失范围内，则 C 点是经济性和鲁棒性最佳的平

衡点；如果该点的鲁棒性指标不能满足系统的安全需要，那么通过比较上述 2 条曲线，选择尽量靠近 C 点的 PMU 数值，如 9 或 10，则能较好地满足平衡投资与系统鲁棒性之间的关系。

实验结果表明，文中提出的考虑 N-1 情况的 PMU 优化配置方法在经济性和鲁棒性之间有较好的平衡，为 PMU 的优化配置提供了决策和支持。

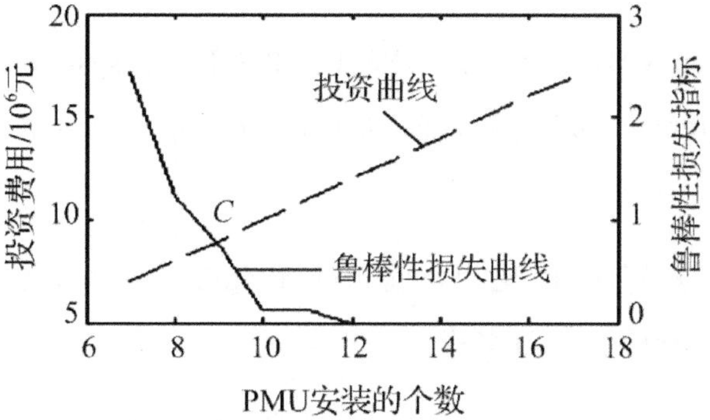

图 2-3 鲁棒性损失与投资的综合

2.5 结论

本章提出了一种考虑拓扑变化时的 PMU 优化配置方法。该方法将系统鲁棒性损失和经济性之间的关系进行量化，为 PMU 的优化配置提供有力的决策和支持。另外，本章方法具有一定的通用性，可扩展至 N-2 甚至 N-3 的情况，为进一步研究考虑经济效益的 PMU 优化配置方法提供了明确的思路。

参考文献

[1] Phadke A G. Synchronized phasor measurements in power system [J]. IEEE Computer Application in Power, 1993, 6(2):10-15

[2] Burnett R O，Butts M M, Sterlina P S. Power system application for phasor measurement units[J]. IEEE Computer Application in Power, 1994, 7(1): 8-13

[3] 杨明海，王成山. 电力系统 PMU 优化配置方法综述[J]. 电力系统自动化学报，2007，19(2):86-91

[4] 许树楷，谢小荣，辛耀中. 基于同步向量测量技术的广域测量系统应用现状及发展前景[J]. 电网技术，2005，29(2):44-49

[5] HAUER J F. Validation of phasor calculations in the Macrodyne PMU for California-Oregon transmission project tests of March 1993[J]. IEEE Trans. on Power Delivery, 1996, 11(3):1224-1231

[6] 罗毅，赵冬梅. 电力系统 PMU 最优配置数字规划算法[J]. 电力系统自动化，2006，30(9):20-25

[7] 卞晓猛，邱家驹. 基于记忆的改进克隆算法及其 PMU 配置多目标优化目标[J]. 中国电机工程学报，2007，27(22):33-38

[8] 彭疆南，孙元章，王海风. 考虑系统完全可观测性的 PMU 最优配置方法[J]. 电力系统自动化，2003，27(4):10-16

[9] Baldwin T L, Mili L. Power system observability with minimal phasor measurement placement[J]. IEEE Trans. on Power Systems，1993，8(2):707-715

[10] 蔡田田,艾芊. 电力系统中 PMU 最优配置的研究[J]. 电网技术，2006，30(13):32-38

[11] Denegri G B, Invernizzi M，Milano F. A security oriented approach to PMU positioning for advanced monitoring of a transmission grid [C]. Proceedings of Power System Technology, Kunming, 2002

[12] 陈晓刚，陶佳，江全元，等. 考虑高风险连锁故障的 PMU 配置方法[J]. 电力系统自动化，2008，32(4):11-14

[13] Marin F J, Garcia L F, Joya G, et al. Genetic algorithms for optimal placement of phasor measurement units in electrical networks[J]. Electronics Letters, 2003, 39(19):1403-1405

[14] Jiang J A, Lin Y H， Yang J Z, et al. An Adaptive PMU Based Fault Detection/Location Technique for Transmission Lines-Part I: Theory and Algorithms[J]. IEEE Transactions on Power Delivery, 2000, 15(2):486-494

[15] Jiang J A, Lin Y H, Yang J Z, et al. An Adaptive PMU Based Fault Detection/Location Technique for Transmission Lines-Part II: PMU Implementation and Performance Evaluation[J]. IEEE transactions on Power Delivery, 2000, 15(4): 1136-1147

[16] 王同文，管霖，章小强，等. 基于扩展 k 阶近邻法的电力系统稳定评估新算法[J].电力系统自动化，2008，32(3):18-23

[17] Garcia G, Benussou J, Berbiche M. Pattern recognition applied to transient stability analysis of power systems with modeling including voltage and speed emulation[J]. IEE Proceedings Part B: Electric Power Applications, 1992, 139(4): 321–325

[18] 王同文，管霖. 基于模式发现的电力系统稳定评估和规则提取[J]. 中国电机工程学报，2007，27(19): 25-32

[19] Albert R, Barabasi A L. Statistical mechanics of complex networks [J]. Reviews of Modern Physics, 2002, 74(1): 47-91

[20] Newman M E. The structure and function of complex networks[J]. SIAM Review, 2003, 45(2): 167-256

[21] 倪向萍，梅生伟，张雪敏. 基于复杂网络理论的输电线路脆弱度评估方法[J]. 电力系统自动化，2008，32(4):1-6

第 3 章　基于最优风险指标的智能电网连锁故障和薄弱线路辨识

3.0　引言

连锁故障是指系统中两个或多个元件相继停运的故障情况[17]，这种连锁反应往往是导致电网崩溃的主要原因，合理建立连锁故障模型并研究其机理，是预防由连锁故障引发的大停电事故进而减小由此带来的巨大经济损失的先决条件。为探寻连锁故障发生的机理，学者们提出了各种模型来模拟电力系统连锁故障和大停电，其中有隐性故障模型[8]，有基于直流最优潮流的 OPA 模型[9-11]，基于元件级联失效的 CASCADE 模型，基于交流 OPF 的停电模型[12-13]及基于负荷切除和交流潮流的 Manchester 模型[14-16]等，其中以 OPA 模型最受关注，国内外学者在此基础上做了大量研究。

文献[19]指出，OPA 模型忽略了规划部门的作用，实际电网是根据负荷预测来进行电网规划、提前进行线路升级的，并提出当线路负载率大于薄弱线路负载率ε时，进行线路扩容，降低了扩容标准，但扩容发生条件依然建立在原模型基础之上，因此不可避免地继承了原模型的缺点。其仿真结果（参见文献[19]）降低了故障发生概率、规模，曲线变化规律与原模型相似，整体向下平移。文献[20-21]提出了一种结合 OPA 模型和电网拓扑的时空演化模型，OPA 模型用以模拟负荷增长、线路改造等电网的演化过程和由于线路开断引起的连锁故障，时空演化模型用于模拟电网的拓扑演化。文献[22-23]提出了求解含暂态稳定约束的最优潮流（SCOPF）新方法，并将暂态稳定裕度指标应用于考虑暂态稳定约束的最优潮流（OTS）的计算，在原有 OPA 模型的快慢两个动态过程基础上加入了第三个动态过程——极快动态过程，描述了系统受到随机故障后的暂态稳定性和对应的故障线路切除、紧急控制等措施。文献[12]指出 OPA 模型和隐故障模型的前提假设之一是节点间相角差不大，而在大停电模拟中，系统会处于重负荷状态，此时该假设不成立。并在 OPA 模型中的自组织临界思想和 Manchester 模型的基础上，建立了基于交流的停电事故模型，该模型利用交流模型来模拟系统快动态同时考虑系统的慢动态过程，从而克服了直流模型和 Manchester 模型的缺点。文献[13]指出基于最优潮流的电力系统停电模型也缺乏电压稳定性分析功能，因而不能全面反映电力系统停电事故和自组织临界现象，在此基础上嵌入一个电压稳定分析模块，采用 3 种电压稳定分析方法形成可以计及无功/压特性的电力系统停电模型。

以上各文献对于 OPA 模型的改进几乎涵盖了电力系统的各个层次，从多种角度针对该模型的不足之处进行精细改进，在保留原模型优点的基础上大大提高了其可信度。然而，这些方法在线路容量提升方面继承了原模型的方案，尽管在最优潮流求解方式、电网拓扑等方面做了卓越的改进，但忽略了 OPA 模型慢动态过程中的重要作用力——容量提升的缺陷，因而从这方面来说尚为美中不足。

为全面模拟现实情况下的电网演化并克服现有连锁故障模型的不足，本章引入风险理论，在容量提升条件、扩容系数确定等方面做出改进，在此基础上，确定了最优风险指标，并根据风险值判断系统薄弱线路，提出了新的电力系统连锁故障预防策略。

3.1　OPA模型的不足之处及改进方法

3.1.1　OPA模型简介

OPA模型[9]描述了电力传输系统故障的长期演化过程，是实际电网的简化模型。根据时间尺度的不同，该模型划分为快慢两个动态过程，在慢动态过程中，存在一对反作用力，即负荷增长与人为提升线路容量；快动态过程则描述了连锁线路过载与故障。两个时间尺度联系紧密，即负荷增长导致线路过载或故障，使得人为提升线路容量进而减少故障发生率，如此循环，此消彼长，达到存在着不同规模故障的动态平衡过程，两者的互相作用被认为是导致电力系统大停电自组织临界性的根本原因。

3.1.2　OPA模型的不足之处

（1）模型过于理想化

负荷增长因子λ取常数，其值为在相当长一段时间（如十年）内的每日负荷增长倍数均值，扩容发生在线路过载或故障的第二天，使得故障发生立刻受到抑制；而在现实中，线路的扩容根本不可能如此及时，频率如此之高，且在考虑了人为操作以及自然环境影响等一些不确定因素之后，并不是每次扩容都能像仿真结果（参见文献[9]）那样立竿见影。

（2）扩容因子μ的取值

μ依然取常数，且 $1<\lambda_{max}<\mu_{min}$，纵观电网长期演化过程，每次故障规模、造成的经济损失及社会影响并不相同，相应的补救措施或提前规划力度或规模也随着故障规模而变化；加之在电网长期发展过程中，科学技术与社会经济的飞速发展对于扩容的能力及要求产生一定影响，因此，反映线路改造力度的扩容因子μ取常数过于机械化。

3.1.3 引入风险理论的必要性和本章的主要工作

OPA 模型没有考虑不确定因素以及在扩容方面缺乏灵活性，而基于风险的安全评估方法定量抓住了决定安全等级的因素：事故的可能性和严重性；加之风险可累计组合[3-5]，可把每条线路、不同状态累计成规定时间范围的、整体的风险评估，大大提高了灵活性。此外，风险理论在分析安全性的同时，又兼顾了经济性[3],在制定决策时可以将其作为优先考虑的因素。

本章的主要工作有：利用风险评估，对线路按其风险值有选择的进行扩容；定义扩容度函数，该函数值随风险评估结果变化，实时改变扩容力度；定义扩容延迟天数，模拟实际电力系统的线路改造效率；综合分析不同设定风险指标下的负荷损失与扩容力度，得出最优风险指标；由线路风险值确定系统薄弱环节。

3.2　改进的 OPA 模型

3.2.1　线路风险值计算

电力系统风险评估[1-3]是对电力系统面临的不确定性因素，给出可能性与严重性的综合度量，其数学表达式[2]为

$$Risk(X_{t,f}) = \sum_i \Pr(E)[]\sum_j \Pr(X_{t,j} \mid X_{t,f}) \times Sev(E_i, X_{t,j}) \tag{3-1}$$

$X_{t,f}$是 t 时间的运行方式；$X_{t,j}$ 是第 j 个可能的负荷水平；$\Pr(X_{t,j}|X_{t,f})$是 t 时间出现 $X_{t,j}$ 负荷水平的概率；$\Pr(E_i)$是第 i 个扰动 E_i 出现的概率；$Sev(E_i,X_{t,j})$是在第 j 个负荷水平下第 i 个扰动发生后系统的严重程度。

根据式（3-1），定义线路 j 在 η 天内的风险均值表达式为

$$Risk_{j\eta} = \frac{1}{\eta}\sum_i \Pr(E_i) \times [\sum_k^{k+\eta} \Pr(M_{jk} \mid E_i) \times Sev(M_{jk})] \tag{3-2}$$

$\Pr(E_i)$是事故 E_i 的概率，假设事件 E_i 满足泊松分布[2]，则

$$\Pr(E_i) = (1 - e^{-\lambda_i}) \times e^{-\sum_{j \neq i} \lambda_j} \tag{3-3}$$

λ_i 为单位时间故障发生次数。

M_{jk} 为线路 j 第 k 天的负载率[9]，即

$$M_{jk} = \frac{F_{jk}}{F_{jk}^{\max}} \tag{3-4}$$

$M_{jk}>1$ 即为过负荷，其中 F_{jk} 为线路 j 第 k 天的潮流，满足

$$-F_{jk}^{\max} \leqslant F_{jk} \leqslant F_{jk}^{\max} \tag{3-5}$$

将过负荷严重度 $Sev(M_{jk})$定义为

$$Sev(M_{jk}) = \begin{cases} 0; & M_{jk} \leqslant 0.9 \\ 10M_{jk}; & M_{jk} > 0.9 \end{cases} \tag{3-6}$$

3.2.2 外层循环

1. 初始化网络模型与慢动态负荷增长[9]

假设有 n 节点 m 条线，A 为网络关联矩阵，P_k 为第 k 天节点注入有功向量，F_k 为第 k 天线路潮流向量，满足表达式

$$F_k = AP_k \tag{3-7}$$

每日节点注入功率增长与线路潮流增长分别为

$$P_{k+1} = \lambda_k P_k \tag{3-8}$$

$$F_{k+1} = \lambda_k F_k \tag{3-9}$$

在仿真过程中，λ_k 取常数，其值为实际电网中相当长时间内（例如十几年）的每日负荷增长率。

2. 慢动态线路容量提升

在改进的模型中，慢动态线路容量提升分为两种方式，基本扩容表达式为

$$F_{j(k+1)}^{\max} = \mu_k F_{jk}^{\max} \tag{3-10}$$

μ_k 在两种扩容方式中取值不同。

（1）过载及故障后扩容

针对过载及故障线路，在过载或故障后的第 δ 天后进行扩容，以模拟实际情况中受各种经济、技术、人为等因素影响下的线路补救扩容。

$$F_{k+\delta}^{\max} = \mu_0 F_k^{\max} \tag{3-11}$$

其中 μ_0 取常数。

（2）基于风险指标的扩容

对线路每 η 天进行风险评估，累计前 η 天的风险值，针对风险值大于预定扩容风险指标 $Risk_{imp}$ 按风险值从高到低排序，选取的前 j 条线路进行容量提升，模拟实际情况中的线路规划，即

$$F_{j(k+\eta)}^{\max} = \begin{cases} \mu_{j(k+\eta)} F_{jk}^{\max}; Risk_{j\eta} > Risk_{imp} \\ F_{jk}^{\max}; \qquad Risk_{j\eta} < Risk_{imp} \end{cases} \tag{3-12}$$

$Risk_{j\eta}$ 为线路 j 在 η 天内的风险均值，由式（3-2）得出。扩容系数 $\mu_{j(k+\eta)}$ 描述了线路容量提升的改造力度，此时扩容系数并不是常数，其值应根据线路风险值实时变化，定义扩容度函数为

$$\mu_{j(k+\eta)} = \mu_0 \frac{Risk_{j\eta}}{Risk_{imp}} \tag{3-13}$$

μ_0为最小扩容系数。

3.2.3 内层循环

内层循环的潮流重新分配依然建立在传统的直流潮流线性规划[9]迭代过程概括为：①以概率 h_0 断开线路，初始化故障线路。②在整个迭代过程中，只要出现线路故障，即进行线性优化，重新分配潮流。如果目标函数不能收敛，则视为大停电。③对于收敛的优化结果，判断是否过载，并记录过载线路。④对于过载的线路，以概率 $h_1(h_1 \gg h_0)$确定是否故障，并记录故障线路。

3.2.4 最优风险指标的确定

最优风险指标的确定原则，是在可接受的负荷损失水平下尽可能地降低扩容因子均值，其中负荷损失水平反映了供电的质量，扩容因子均值代表了输供电成本。确定最优风险指标的过程就是一个保证系统可靠性前提下优选规划方案的过程。成本函数定义如下，即

$$C = \alpha \frac{\sum_k \mu_k}{x} + \beta \sum_i F_{ilost} \tag{3-14}$$

F_{ilost}第 i 次故障负荷损失，η_k为第 k 天（当天发生故障或未故障且风险评估结果判定应该扩容）的扩容因子，α为扩容成本比，定义为单位扩容倍数的花费，β为负荷损失成本比，具体流程如下。

① 选定不同扩容风险指标值，其他运行参数相同，设置仿真次数。

② 记录每次仿真的故障次数，负荷损失，平均扩容率，按式（3-13）计算各次仿真成本。

③ 统计数据，绘制负荷损失-成本图，得出最优风险指标。

3.2.5　系统薄弱环节的确定

在运行规划中，线路的额定容量不仅由正常情况决定，潜在的停电事故状况也对其有影响，基于风险的评估方法可以为确定这些额定容量和限制提供决策标准[3,24]。风险值的大小反映了对连锁故障的影响程度，因而确定各线路的风险值排序，对其予以相应重视程度，可在节约人力财力的条件下减小连锁故障发生概率，薄弱环节判定流程如下。

① 选定不同运行参数，按要求精度设定足够大的仿真次数。

② 记录每条线路每天风险值，累计组合风险值，得到每次仿真的线路风险值排序。

③ 统计出现频率最高的 n 条线路。

3.2.6　总流程图

总流程图分综合风险评估、线路容量提升、最有风险指标确定、系统薄弱环节确定四大部分，绘制总流程图如图 3-1 所示。

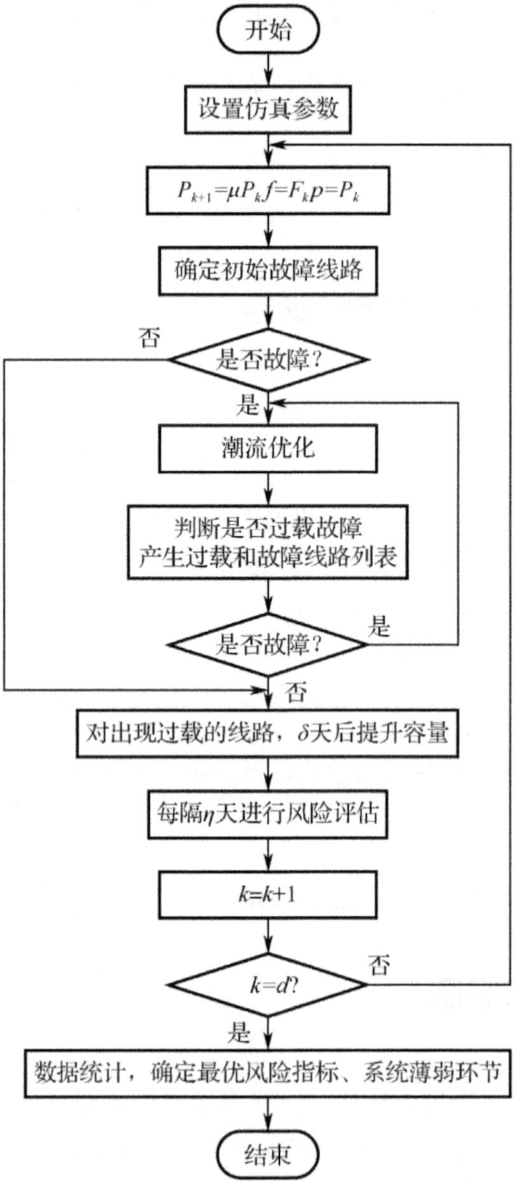

图 3-1　改进 OPA 模型总流程图

3.3　仿真结果及分析

采用新英格兰 10 机 39 节点系统，使用 MATLAB 编程仿真。参数来源：日负荷增长因子λ取自美国 1985 年至 1995 年 10 年间有效发电量增长的日增长率[9，25]。为作对比，最小扩容系数μ与文献[9]的平均扩容系数μ相等。泊松分布参数λ_0=h_0=0.001，容量提升参数δ、η以及风险评估参数 $Risk_{imp}$ 取值在与电网实际运行情况相符的几个区间内变化，并由仿真结果得到最优解，详细参数设置如表 3-1。

表 3-1　模型参数

参　数	值	注　释
d	5000	仿真天数
λ	1.0005	日负荷平均增长率
μ	1.005	最小扩容系数
λ_i	0.001	泊松分布参数
$Risk_{imp}$	1-60	提升容量指标值
δ	2-30	提升容量延迟天数
γ	2-60	风险评估时间间隔
h_0	0.001	初始故障概率
h_1	0.3	过载情况下故障概率

3.3.1 仿真模型与原模型比较

为使比较结果清晰，取图像横轴前 500d，局部放大图像。

图 3-2 至图 3-7 分别给出了基本 OPA 模型与改进的 OPA 模型 46 条线路故障概率及负荷损失随时间变化的情况，通过比较，可见引入风险理论的 OPA 模型高故障概率部分明显少于基本 OPA 模型（见图 3-2、图 3-3），整体故障概率也低于基本 OPA 模型，负荷损失也明显降低（见图 3-6、图 3-7），但对于单条线路来说，高概率部分却高于基本 OPA 模型（见图 3-4，图 3-5），这是由于通过风险评估的线路扩容是有选择性的（见式（3-12）），降低整体故障概率是以提高（准确地说并不能称为“提高”，因为高概率并不是基于风险指标扩容的直接结果，且其值只是相对原模型较高）个别线路的故障概率为代价的，低概率部分仍多于基本 OPA 模型。此外，造成个别线路高故障概率的另一个重要原因，是改进模型考虑了扩容并不能及时发生，增加了扩容延迟时间（见式（3-11）），使得实际上电网故障概率分布并不像原 OPA 模型那样均匀。

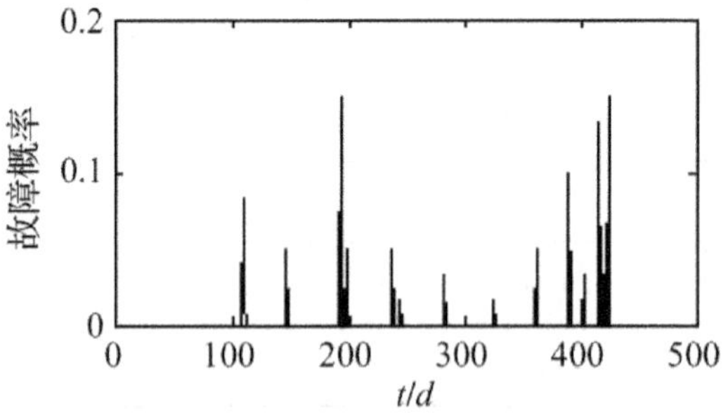

图 3-2 OPA 模型每日故障概率

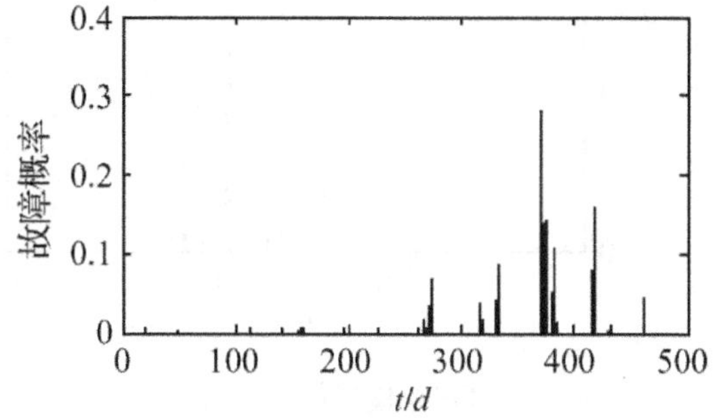

图 3-3　改进 OPA 每日故障概率

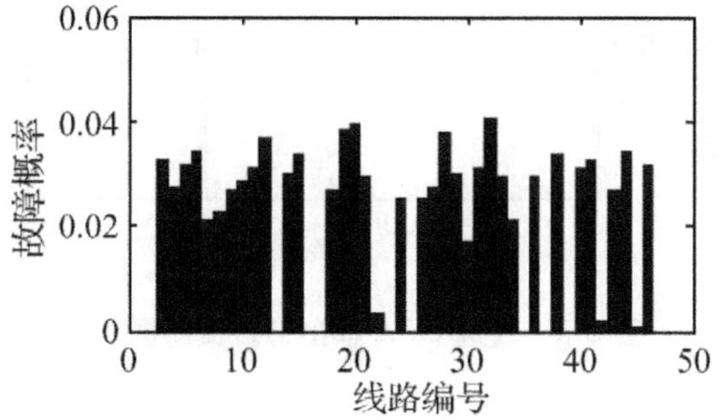

图 3-4　OPA 模型每条线路故障概率

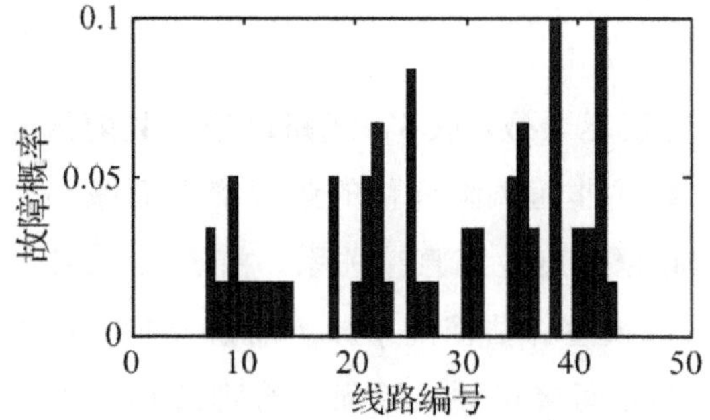

图 3-5　改进 OPA 模型每条线路故障概率

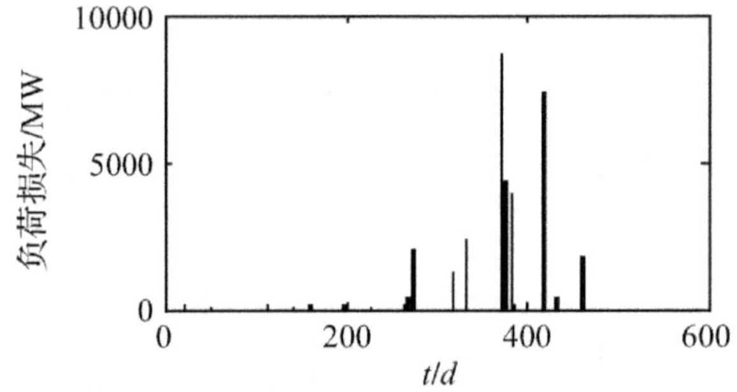

图 3-6　OPA 模型每日负荷损失

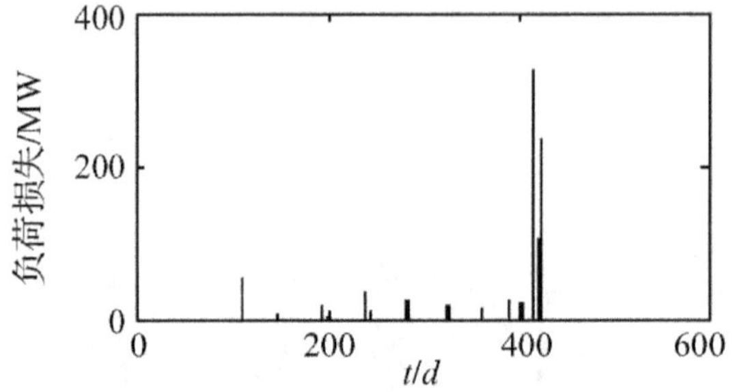

图 3-7　改进 OPA 模型每日负荷损失

3.3.2　风险评估时间间隔与扩容延迟天数对仿真结果的影响

图 3-8 为扩容延迟天数δ取 3，线路故障次数随风险评估时间间隔变化图，故障次数并非随风险评估的频率增大而减小，这是由于线路风险指标与评估频繁程度没有直接关系，由于式（3-2）和式（3-3）中E_i满足泊松分布，风险评估间隔η影响泊松分布的样本大小，线路每日风险值的变化与η间接相关，因而，合理选择风险评估时间间隔可降低故障发生率。

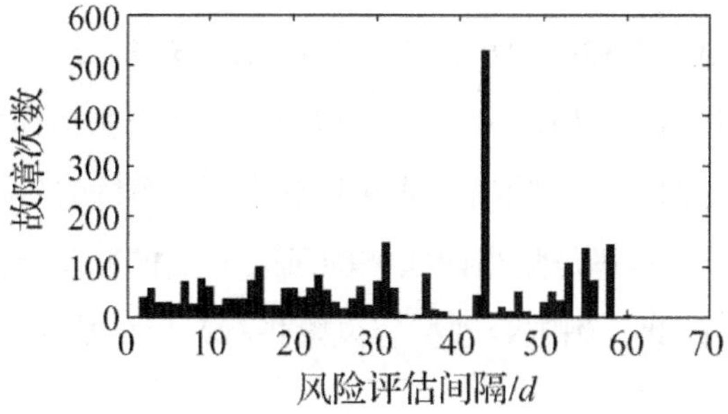

图 3-8　故障次数随风险评估间隔变化

图 3-9 为风险评估间隔一定时，故障次数随扩容延迟时间的变化，可见并不是扩容越及时，故障概率越小。扩容对潮流重新分配的约束条件产生影响，及时的扩容有可能给线路带来下一次（或将来）更多潮流份额，进而增大其过载直至故障的概率，因此，扩容延迟天数也是影响电力系统连锁故障的重要因素。

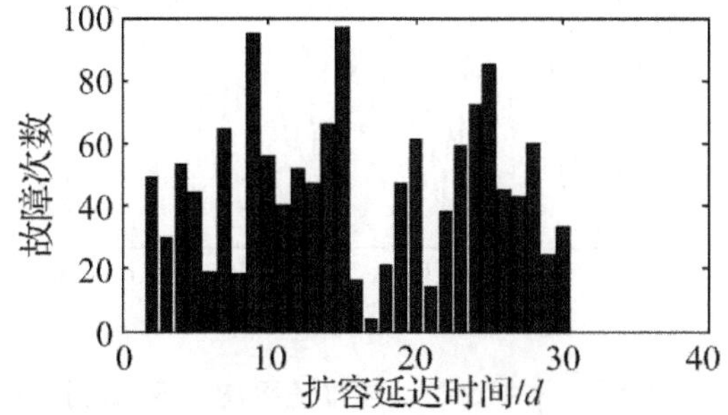

图 3-9　故障次数随扩容延迟时间变化

3.3.3　最优扩容风险指标的确定

图 3-10 和图 3-11 分别给出了δ与η取不同值时，扩容及负荷损失的成本随扩容风险指标变化规律，图 3-12 和图 3-13 给出了负荷损失随平均扩容率的变化规律。

成本计算由式（3-12）得出，为简便起见，δ=1，η=5，无量纲。由图3-10至图3-13可知，虽然在不同δ与η取值下，系统负荷损失、成本存在差异，但在某一确定的扩容风险指标值和扩容率下，系统的负荷损失及成本存在最小值，又由于扩容率是随当前状态的风险值与扩容风险指标比值变化的（见式（3-13）），因此，确定合理扩容风险指标是降低成本的有效途径。

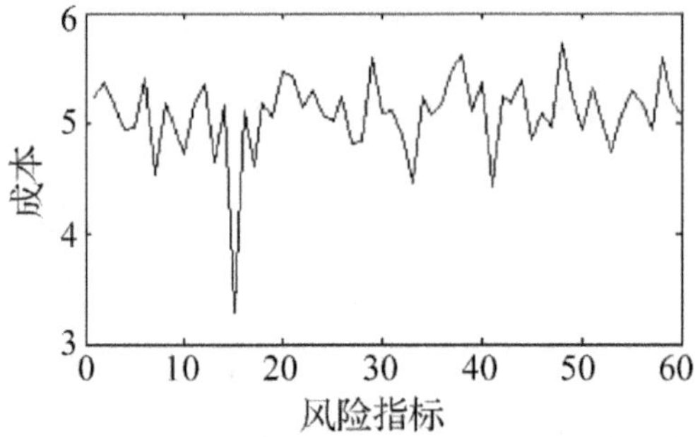

图 3-10　d=3，η=20 时，成本随扩容风险指标变化

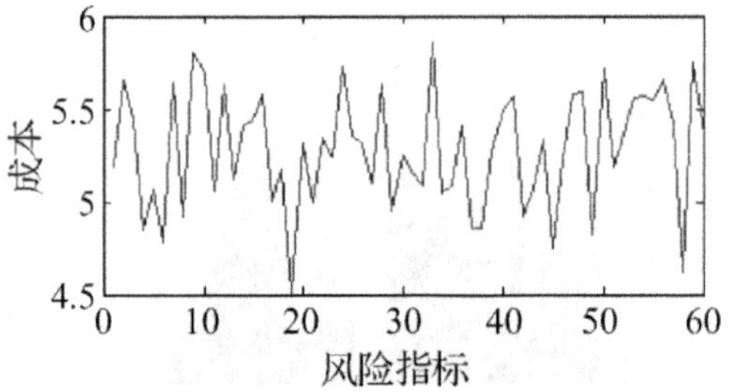

图 3-11　d=7，η=15 时，成本随平均扩容风险指标变化

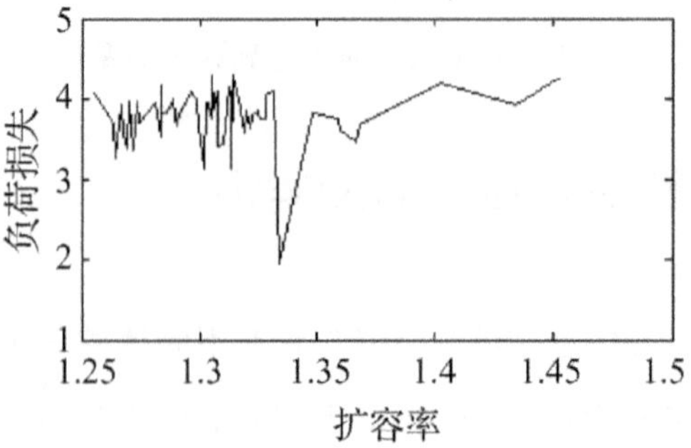

图 3-12　d=3，h=20 时，负荷损失随平均扩容率变化

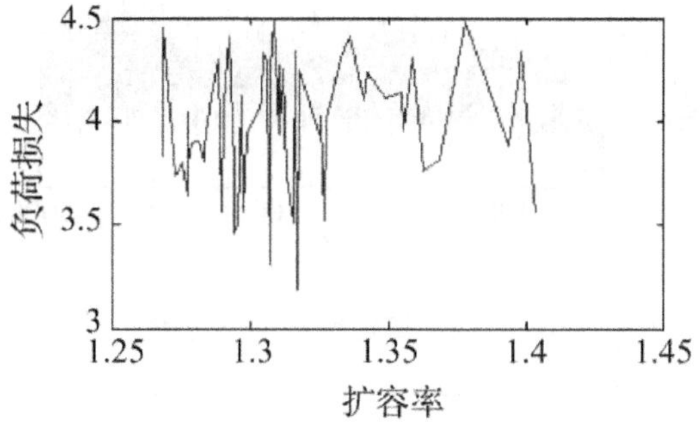

图 3-13　d=7，h=15 时，负荷损失随平均扩容率变化

从图 3-10 和图 3-11 可看出，在风险值为 15 和 18（选择更小变化步长的扩容风险指标时，可得到更高精度值）时，成本达到最小，且明显小于周围点，可见，当准确找到此最小点并以此指标扩容，可大大减少系统因扩容和故障带来的经济损失。

3.3.4 线路风险值在不同参数下的排序——薄弱线路的确定

图 3-14 给出了风险值随时间的演化过程，由式（3-2）可知，风险值是在线路负载率的基础上考虑了不确定因素与其后果严重程度的度量值，因此，其变化规律为围绕一个均值逐渐变大，并达到动态平衡。

图 3-15 给出了一次仿真各线路风险均值，选取不同参数，根据风险值由高到低进行排序，取前 10 条线路，仿真 2000 次，再取出现频率最大的 5 条线路，据此确定网络中的薄弱环节，结果见表 3-2。

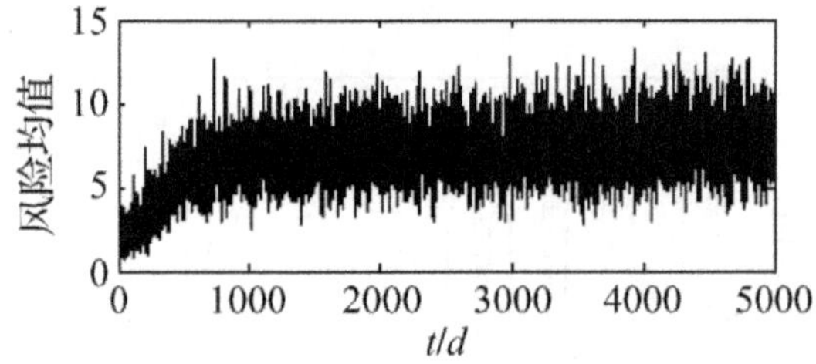

图 3-14　每日线路风险均值

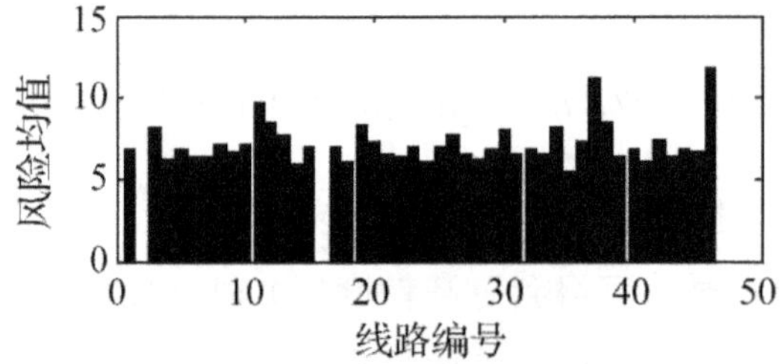

图 3-15　每条线路风险均值

表 3-2　风险均值最大的 5 条线路

风险排序	线路编号	线　路	风险值
1	35	22-23	8.3102
2	36	22-35	8.2883
3	31	19-33	8.0818
4	46	31-6	8.0113
5	14	7-8	7.8448

对照图 3-5，在改进的模型中，风险均值最高的 5 条线路的故障概率，在改进的模型中并不是最高的，这是因为在容量提升时，已经根据其风险值不同程度地提高了扩容系统系数，进而抑制了故障的发生，可见，

对依照此方法判定的薄弱环节加以重视，可降低连锁故障的发生概率。

3.4 结论

本章针对现有连锁故障模型的不足，在OPA基础上建立了新的连锁故障模型，新模型在容量提升方面做了大幅度改进，较原OPA模型更接近实际运行的电力系统。并定义了扩容度函数、扩容风险指标，基于风险的安全评估在最优扩容风险指标和系统薄弱线路的确定方面发挥了重要作用。依据确定的扩容风险指标和系统薄弱环节，可对电力系统连锁故障实施最低成本的预防措施。需要指出的是，新的模型还存在许多不足，弥补现有模型的不足之处时，如能考虑文献[12-13，22-23]指出的OPA模型存在的缺点，便可进一步提高模型精确度。

参考文献

[1] Hua Wan, McCalley J D, Vittal V et al. Risk based voltage security assessment[J]. IEEE Trans on Power Systems, 2000, 15(4): 1247-1254

[2] Ming Ni, McCalley J D, Vittal V et al. Online risk-based security assessment[J]. IEEE Trans on Power Systems, 2003, 18(1):258-265

[3] McCalley J D, Vittal V, Abi-Samra N. An overview of risk based security assessment[C]. IEEE Power Engineering Society Summer Meeting,

Alberta, Canada, 1999.173-178

[4] 丁理杰，刘美君，曹一家，等. 基于隐性故障模型和风险理论的关键线路辨识. 电力系统自动化，2007，31(6):125，22

[5] 刘新东，江全元，曹一家，等. 基于风险理论和模糊推理的电力系统暂态安全风险评估[J]. 电力自动化设备，2009，29(2):15-20

[6] 陈为化，江全元，曹一家，等. 基于风险理论的复杂电力系统脆弱性评估. 电网技术，2005，29(4):12-17

[7] 占勇，程浩忠，熊虎岗. 电力网络连锁故障研究综述[J]. 电力自动化设备，2005，25(9):93-98

[8] CHEN J, THORP J S, DOBSON I. Cascading dynamics and mitigation assessment in power system disturbances via a hidden failure model . International Journal Electrical Power and Energy Systems, 2005, 27 (4): 318-326

[9] DOBSON I, CARRERAS B A, LYNCH V, et al. An initial model for complex dynamics in electric power system blackouts[A]. 34th Hawaii International Conference on System Sciences [C] . Maui, Hawaii: [s.n.], 2001. 2017-2023

[10] CARRERAS B A, NEWMAN D E, DOBSON I, et al. Evidence for self-organized criticality in electric power blackouts[A]. 34th Hawaii International Conference on System Sciences[C]. Maui, Hawaii: [s.n.], 2001. 4038- 4045

[11] CARRERAS B A, L YNCH V E, DOBSON I, et al. Critical points

and transitions in an electric power transmission model for cascading failure blackouts. Chaos, 2002, 12(4): 985-994

[12] 梅生伟，翁晓峰，薛安成，等. 基于最优潮流的电力系统停电模型及自组织临界性分析. 电力系统自动化，2006，30(13):1-5

[13] 王刚，梅生伟，胡伟. 计及无功/电压特性的停电模型及自组织临界性分析. 电力系统自动化，2007，31(1):9-13

[14] RIOS M A, KIRSCHEN D S, JA YAWEERA D, et al. Value of security : modeling time dependent phenomena and weather conditions. IEEE Trans on Power Systems, 2002, 17(3):543-548

[15] KIRSCHEN D S, JA YAWEERA D, NEDIC D P, et al. A probabilistic indicator of system stress. IEEE Trans on Power Systems, 2004, 19(3):1650-1657

[16] NEDIC D P, DOBSON I, KIRSCHEND S, et al. Criticality in a cascading failure blackout model. International Journal of Electrical Power and Energy Systems, 2006, 28(9): 627-633

[17] North American Electric Reliability Council. NERC planning standards. http://www. nerc. com

[18] 曹一家，江全元，丁理杰. 电力系统大停电的自组织临界现象. 电网技术，2005，29(15):1-5

[19] 梅生伟，何飞，张雪敏，等. 一种改进的 OPA 模型及大停电风险评估. 电力系统自动化，2008，32(13):1-5

[20] 曹一家，丁理杰，王光增，等. 考虑网络演化的直流潮流停电模型与自组织临界性分析. 电力系统自动化，2009，33(5):1-6

[21] 曹一家，王光增，韩祯祥，等. 考虑电网拓扑演化的连锁故障模型. 电力系统自动化，2009，33(9):5-9

[22] 夏德明，梅生伟，沈沉，等. 基于暂态稳定裕度指标的最优潮流求解. 电力系统自动化，2006，30(24):5-10

[23] 夏德明，梅生伟，侯云鹤. 基于 OTS 的停电模型及其自组织临界性分析. 电力系统自动化，2007，31(12):12-18

[24] 陆波，唐国庆. 基于风险的安全评估方法在电力系统中的应用. 电力系统自动化，2000，25(11):61-64

[25] A.R. Bergen, V. Vittal, Power Systems Analysis, second edition, Prentice Hall 2000

第 4 章　计及不确定性的大电网暂态稳定评估

4.0 引言

暂态稳定性破坏是大电网中常见的稳定性事故，寻求快速、准确的暂态稳定预测方法具有重要意义。近年来，随着广域测量系统（WAMS）的发展，控制中心可以有足够的精度和速度来获得反映系统动态行为的数据，为实现基于受扰轨迹的暂态稳定在线预测提供了新契机。

目前，研究人员提出了很多基于 WAMS 的暂态稳定在线预测方法，大致可以分为三类。

① 利用量测数据辨识系统模型参数，然后利用辨识模型预测系统的稳定性[1-3]。

② 利用离线短路计算的网络上潮流分布信息，筛选出对系统稳定性影响比较大的特征，然后以这些特征构造稳定评估的分类器[4-8]。

③ 利用曲线对发电机功角量测数据进行拟合，然后对其运动趋势进行外推[9-12]。

这些方法本质上均是通过确定性的数学描述来求解系统的稳定性，但是对于一个电力系统来说，它的负荷、节点注入功率、故障切除时间、故障线路和故障位置等都存在不同程度的不确定性，因此，只有考虑了系统的不确定性，才能真正把握电力系统的本质[13-15]。

在暂态稳定评估中，电力系统的不确定性不能忽略的根本原因，在于同一故障下，离线仿真结果可能和真实的结果并不一致，这是由于负荷、节点注入功率以及故障切除时间等因素，在高维空间的不确定性分布会使暂态稳定域在一定的范围内发生波动，在最好的分布情况下会使系统的稳定域扩大，而在最差的情况下则会使系统的稳定域变小。由于系统的不确定性包括测量、模型以及因素本身的不确定性等原因，使得系统的运行状态很难精确的衡量，因此，故障对系统造成的影响也只能用多大程度地使系统接近稳定或不稳定来衡量，而不是直接将其归类于稳定和不稳定，这样才能反映出电力系统暂态稳定性的本质问题。同时，应对误判的后果进行衡量，引入风险概念，将最小风险作为判断系统稳定与否的决策依据，即系统以多大的风险接近稳定和不稳定。

基于上述思路，本章结合 Monte-Carlo 抽样和朴素贝叶斯分类方法，提出了一种考虑不确定性的暂态稳定在线预测方法，该方法计及了系统中负荷、节点注入功率、故障切除时间、故障线路和故障位置等不确定因素，首先，利用 Monte-Carlo 方法进行参数抽样，对这些抽样进行聚类，以节省离线计算时间，在得到聚类样本的稳定性之后，对原始抽样样本进行还原并整理离散变量；然后，利用处理不确定性因素的重要工具贝叶斯理论构造分类器，为充分考虑不确定性造成的后果，引入风险理论，以风险最小原则构造朴素贝叶斯分类器；最后，根据广域量测数据，分析这些不确定性因素的期望值，并利用贝叶斯分类器进行暂态稳定预测。仿真结果表明，该方法具有精度高、概念清晰等优点，为考虑不确定性的暂态稳定在线预测提供了新的思路。

4.1　考虑不确定性样本的生成

电力系统中的负荷、节点注入功率、故障切除时间、故障线路以及故障位置等参数都存在不同程度的不确定性，所谓确定性只会在一定的前提和边界条件下发生，只会在局部或者较短的时间内存在，因此，确定性分析方法不能客观反映运行条件等不确定性因素的影响。文献[15]提出将 Monte-Carlo 引入暂态稳定分析，Monte-Carlo 能够逼真地描述具有随机性质的事物的特点，并且具有概念简单、程序易于实现等优点。理论上讲，Monte-Carlo 参数抽样的次数越多，越接近事物的本质，但是过多的参数抽样会使得后期的计算负担增加，为了平衡两者的关系，引入了文献[16]中数据场的概念，将物理学中的场概念推广至数据域中，指出若假定在所有的样本对象周围都存在一个作用场，场中每一个样本对象都受到其他样本对象的影响，这样，在整个数据空间中存在一个数据场，数据场中由等势面构成的中心称为势心。Monte-Carlo 参数抽样的次数越多，数据场中势心的周围样本对象就越多。特别地，当样本中元素的分布为正态分布时，则样本在高维空间中正态分布在数据场中的势心周围。这些势心周围的样本在空间距离上相差并不大，对结果的影响，特别是稳定与否的二值判断影响也很小，因此，可以对 Monte-Carlo 参数抽样样本（Monte-Carlo Parameter Sample，MCPS）进行聚类和压缩，生成 Monte-Carlo 标准参数抽样样本库（Monte-Carlo Standard Parameter Sample Database，MCSPSD），以减少动态仿真的压力，在 Monte-Carlo 模拟仿真速度上和精度上取得平衡。

本章考虑到的系统的不确定性因素有节点注入功率、负荷和故障切除时间等连续变量，故障线路以及故障位置（该故障在线路的什么位置：将线路分为 3 段，线路首端的 20%，取值为 1；线路中间的 60%，取值为 2；线路末端的 20%，取值为 3）等离散变量，认为连续变量均服从正态分布，而离散变量一般不服从平均分布，它可以用历史统计的概率分布来模拟，但是为了便于陈述问题，假定其服从平均分布。按照各因素的分布概率利用 Monte-Carlo 进行参数抽样，然后，利用聚类思想对 MCPS 进行聚类，这里需要注意到两个问题：①由于离散变量的重要性，每个聚类中的离散变量应该取值一样；②远离数据场势心的点作为极端和特例的描述，应当将其作为一个单独的聚类。这样对 MCPS 的压缩变成了一个有约束的优化问题，其优化目标和约束函数如式（4-1）所示。

$$\begin{aligned} &J = \min\{M_s\} \\ &\textbf{s.t.}\quad f_{ij}(x) \leqslant e \end{aligned} \tag{4-1}$$

式中，M_s 为 MCSPSD 中样本的个数，也是聚类个数；f_{ij} 如式（4-2）所示；e 为每个聚类中两个抽样所允许的最大空间距离，这里取值为 0.5，这样，如果离散变量取值不一样，则约束条件不能满足。特别地，当 $e=0$ 时，M_s 近似等于原始样本个数。

$$f_{ij}(x) = \sum_{k=1}^{K}(x_{ik} - x_{jk})^2 \tag{4-2}$$

式中，K 为样本中元素的个数；x_{ik} 为某一聚类中第 i 个样本的第 k 个元素；x_{jk} 为同一聚类中第 j 个样本的第 k 个元素。

选用 k-means 聚类算法对上述优化问题进行求解，使 MCSPSD 中的每个标准样本为若干个 MCPS 的几何中心，其过程如下。

Step1：确定初试方案。估计需要的聚类个数 M（设 $M_S = 0.4N_s$，N_s 为总的 MCPS 个数）。

Step2：随机选择 M_s 个 MCPS 作为初始聚类中心，对于剩余的样本，分别计算它们与聚类中心的距离，并根据这些距离，将其分配给与之最近的聚类。

Step3：重新计算每个所获新聚类的几何中心。

Step4：验证每个 MCPS 与其所对应的 MCSPSD 中相应聚类中心的空间距离是否满足约束，若满足，则记录下此方案，并且减小 M_s，重复 Step2；若不满足，则继续 Step2。

Step5：当达到规定的迭代次数后，停止计算，返回“无法满足精度要求”的结果。

在得到 MCSPSD 之后，利用仿真软件对其中的 M_s 个标准抽样进行暂态稳定仿真，然后根据每个标准抽样的稳定情况和 MCSPSD 中的聚类数据对 N_s 个 MCPS 的稳定情况进行还原，还原的目的，是因为 MCPS 中包含了样本参数的分布情况，这种分布情况作为一种先验知识，对接下来进行不确定性的暂态稳定判断有着重要的意义。

4.2 朴素贝叶斯分类器的构造

4.2.1 朴素贝叶斯分类器的简单介绍

以贝叶斯公式为基础的贝叶斯理论，是处理不确定性的重要工具，它利用先验知识和样本数据来获得对未知样本的估计，而概率是先验信息和样本数据信息在贝叶斯理论中的表现形式。因此，贝叶斯理论使得不确定性知识表示和推理，在逻辑上非常清晰并且易于理解，有关贝叶斯的详细介绍可参考文献[17]，本章仅作简单介绍。

假设已知共有 M 类样本，以及各类在 n 维特征空间（包括连续和离散）中的统计分布，具体来说是各类别 $\omega_i(i=1,2,\cdots,M)$ 的先验概率 $P(\omega_i)$ 及类条件概率密度函数 $P(\boldsymbol{X}\mid\omega_i)$，那么，可将样本的后验概率密度函数，如式（4-3）所示，作为识别对象归属的依据。

$$P(\omega_i\mid\boldsymbol{X})=\frac{P(\boldsymbol{X}\mid\omega_i)P(\omega_i)}{\sum_{j=1}^{M}P(\boldsymbol{X}\mid\omega_j)P(\omega_i)} \tag{4-3}$$

式（4-3）中先验概率 $P(\omega_i)$ 为预先已知的或者可以估计的某种类型的概率；类条件概率密度函数 $P(\boldsymbol{X}\mid\omega_i)$ 是指在已知某类别的特征空间中，出现样本 $\boldsymbol{X}$ 的概率密度分布函数；后验概率密度函数 $P(\omega_i\mid\boldsymbol{X})$ 样本分属各个类别的概率。

4.2.2 离散变量的预处理

故障线路和故障位置，这两个离散变量对系统稳定性的影响很大，但是，从贝叶斯统计的角度来讲，由于原始的线路排序和稳定性无关，并且服从均匀分布，这样，对于稳定样本和不稳定样本来说，它们的均值和方差有可能相差不大，会使得贝叶斯分类器很难捕获最有用的信息，因此，需要对其进预处理。

对线路重新编号的方法如下。

假设系统中共含有 46 条线路，首先，统计每条线路在所有样本中出现的稳定次数和不稳定次数，将每条线路的稳定次数减去不稳定次数，然后，按差值的大小进行排序，将差值最大的线路放在最前，编号为 1，其意义为最稳定的线路；将差值最小的线路放在最后，编号为 46，其意义为最不稳定的线路；依此类推，并记下原始的线路编号，这样使得稳定和不稳定的线路故障位置在均值上和方差上均发生了变化，更加有利于贝叶斯分类的判断推理。同样的方法也应用于故障位置的排序。

4.2.3 在电力系统中的应用

对于电力系统的暂态稳定分类来讲，不但要考虑参数的不确定性和分类精度，而且要考虑分类错误所造成的后果。比如，如果将一个稳定样本错分为不稳定样本，那么，造成的后果为系统进行紧急控制，失去部分负荷或发电容量；而如果将一个不稳定的样本错分成稳定样本，所造成的后果将不堪设想。为此，将风险的概念引入贝叶斯决策，从单纯考虑，后验概率最大值改为对该样本 $\boldsymbol{X}$ 条件下各状态后验概率求加权和的方式，如式（4-4）所示。

$$R_i(\boldsymbol{X})=\sum_{j=1}^{M}\lambda(\alpha_i,j)P(\omega_j\mid\boldsymbol{X}) \tag{4-4}$$

式中，α_i代表将样本$\boldsymbol{X}$判为ω_i类的决策；$\lambda(\alpha_i,j)$表示样本$\boldsymbol{X}$实属于ω_j，由于采用α_i决策而被判为ω_i时所造成的损失；R_i表示观测值$\boldsymbol{X}$被判为ω_i时损失的期望。

这里需要注意的一个问题是，对于电力系统来说，各类损失函数的量化比较困难，如在某一故障下，哪些发电机或负荷会停电，停电时间有多长，系统失稳到底会造成多大损失等，都很难回答，特别是低压电网、保护和恢复控制模型的不完善，使得风险量化问题至今无法从理论走向应用。因此，不再诉求将损失函数绝对量化，而是寻求一个合理的损失值，使得所有的不稳定样本能完全正确的分类，使分类器处于一个合理的保守范围之内，从而巧妙地绕过了上述问题的致命性。

基于风险最小的朴素贝叶斯分类实现步骤如下。

Step1：定义损失函数，并计算出每一类样本的均值$\overline{\boldsymbol{X}^{(\omega_i)}}$及协方差矩阵$\boldsymbol{S}_i$。

Step2：计算每一类的协方差矩阵的逆矩阵$\boldsymbol{S}_i^{-1}$，以及协方差矩阵的行列式$|\boldsymbol{S}_i|$。

Step3：利用式（4-5）计算每一类的先验概率$P(\omega_i)$。

$$P(\omega_i)\approx N_i/N \tag{4-5}$$

式中，N_i为类别ω_i的样本数目，N为总的样本数目。

Step4：利用公式（4-6）计算后验概率 $P[i]$。

$$P[i] = -\frac{1}{2}(\boldsymbol{X} - \overline{\boldsymbol{X}^{(\omega_i)}})^T S_i^{-1}(\boldsymbol{X} - \overline{\boldsymbol{X}^{(\omega_i)}}) + \ln P(\omega_i) - \frac{1}{2}\ln|S_i| \tag{4-6}$$

Step5：利用公式（4-4）计算每一类的风险，并找出最小风险类，该类即是待测样本所属的类别；改变损失函数并得最佳值。

4.2.4 朴素贝叶斯分类器的假设条件

朴素贝叶斯模型通常假设属性之间相互独立，即假设一个属性值对给定类的影响独立于其他属性的值，才能取得较好的分类效果。若采用具有强相关性的发电机有功功率和负荷有功功率作为朴素贝叶斯模型的输入，会使得它的假设条件不再成立，分类效果也有所下降。因此，不再考虑平衡发电机节点有功功率，并假设负荷节点在地域上相距较远，其功率可以近似地认为相互独立的。这样，朴素贝叶斯模型的前提条件假设“属性之间相互独立”可认为成立。

4.3 考虑不确定性的暂态稳定预测

根据上述思路，提出一种考虑系统不确定性的暂态稳定预测新方法，该方法通过 Monte-Carlo 方法抽样系统参数，生成离线仿真样本，然后构造贝叶斯分类器，对在线获得的广域量测数据进行稳定判据。该方法分为两个部分，一部分是离线仿真生成贝叶斯分类模型，在前面已经介绍；另一部分是在线稳定预测模型，其基本流程如图 4-1 所示。

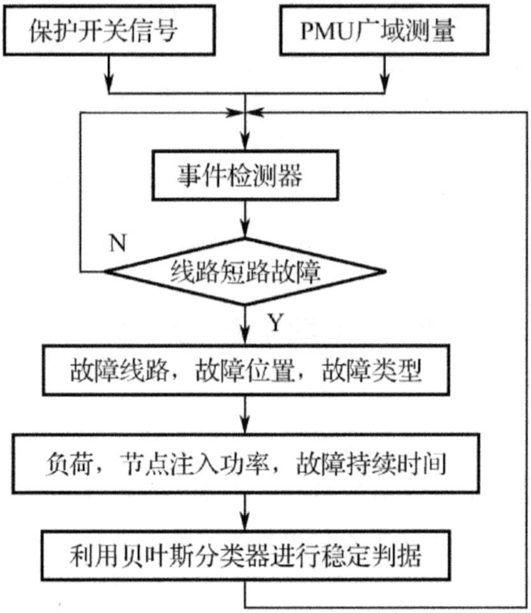

图 4-1　暂态稳定在线预测流程

图中，事件检测器指当系统发现保护开关动作时，利用文献[18]中扰动识别方法辨识系统异常运行的特征（电流突变量、电压突变量和发电机功角等），结合保护信号判断出扰动类型和故障线路；当发现故障为线路短路故障时，则可利用广域量测量线路两端的数据，进行故障定位，文献[19-20]给出了详细的判别方法，这里不再做介绍。在得到故障线路、故障位置以及故障类型之后，同时从广域测量数据中读取故障切除时的负荷、节点注入功率等数据，并评估故障持续时间（可通过历史数据统计分析来确定），获得贝叶斯分类器的输入样本，从而对系统进行稳定判据。值得注意的是，故障线路和故障位置对稳定的判别结果有着重要影响，因此，应当使其保持较高的精度，其中，故障线路可由继电器信号准确得出，而文献[16-17]中故障位置判别方法的仿真结果表明，其精度达到 99.9%，足以满足本章方法的需求。

4.4　算例

4.4.1　生成样本

以新英格兰 39 节点测试系统为例，对本章方法进行仿真验证，测试系统中共包含 10 台发电机、19 个负荷和 46 条线路。

假设各个负荷和节点注入功率均为独立的正态分布，其中标准差分别取其基值的 3%；系统在 0.1 秒发生三相接地短路故障，故障的切除时间期望值为 0.2 秒，即故障持续时间期望值为 0.1 秒，标准差为 0.01 秒，其概率分布如图 4-2 所示；并假设系统中故障线路以及故障在线路中的位置为均匀分布，仿真总积分时间为 5 秒，以 5 秒时各发电机之间的最大功角差是否超过 180° 来确定系统是否稳定。

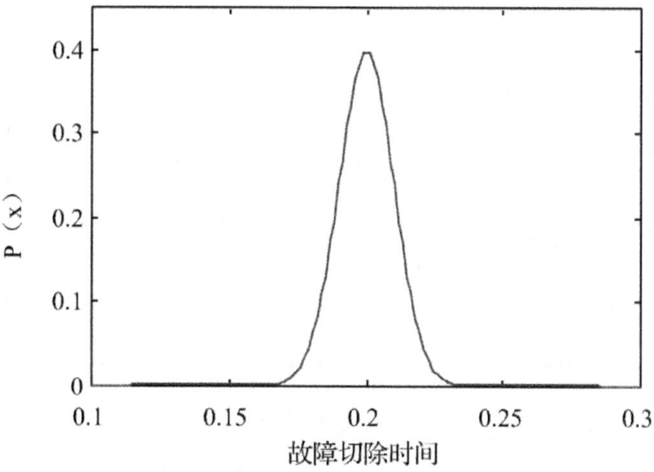

图 4-2　故障切除时间正态分布图

首先，利用 Monte-Carlo 对负荷、节点注入功率、故障切除时间、故障线路以及故障位置进行抽样并生成 MCPS，共进行了 40 000 次抽样，利用 4.1 节的聚类方法对训练样本进行聚类获得的 MCSPSD，设定 $e=0.5$，求得约减后的抽样个数为 9683，这样，可以节约计算量达 75.8%。然后，利用仿真软件 PSASP 对抽样进行仿真，分别计算 MCSPSD 中每个标准抽样的稳定性，最后，利用仿真结果和聚类知识将 MCPS 数据还原。为了验证聚类的有效性，把还原的样本结果与初始的样本结果相比，发现其错误率仅为 0.0015%，这也证明了聚类算法的有效性和适用性。图 4-3 给出了随着抽样次数增加稳定样本所占的比例，从图中可以看出 MCPS 中稳定样本的先验概率为 0.627；这样每个样本包含 61 个输入特征元素，其中含 1 个故障线路、1 个故障位置、38 个负荷有功和无功、18 个节点注入有功和无功功率（除去了平衡节点）、1 个故障切除时间，以及 1 个输出元素即稳定与否的二值分类。另外，利用 Monte-Carlo 进行 1000 抽样作为测试样本，并分别计算每个测试样本的稳定性。

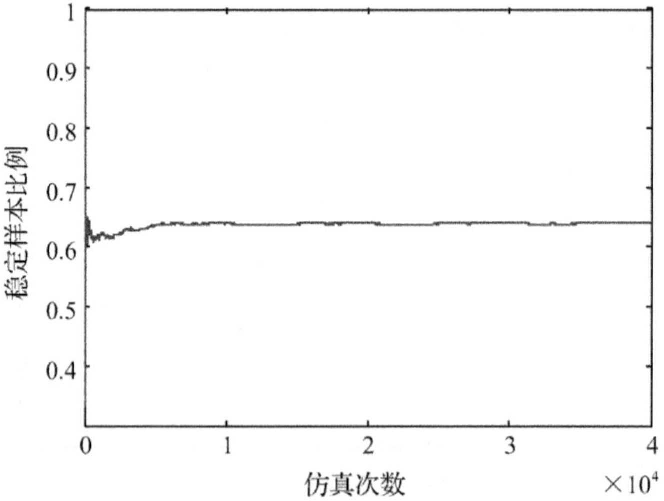

图 4-3　Monte-Carlo 仿真结果

为了能准确分析样本的特征，需要对离散变量进行预处理。首先，对样本进行统计，图 4-4 给出了在离线仿真和不同的系统状态抽样下，每条线路故障造成系统稳定情况的统计，图中方块为稳定次数，圆圈为不稳定次数。从图中可以看出，对于某些线路，如 10、11、44、45，无论系统状态如何，它所造成的后果是一样的；而有些线路如 1、24、25、34 等，它所造成的后果却与抽样状态有关，随着负荷和注入节点的功率分布、故障切除时间以及故障期望位置等变化而变化，这说明了系统的不确定性对系统稳定性的影响，同时，这也是传统的稳定判据方法所不能解决的。在得到每条线路稳定的统计次数后，按 4.3 节所述对线路进行重新排序后得到如图 4-5 所示，同样的方法应用于故障位置的预处理，在此不再做详细介绍。然后，按照对应序号将测试样本中的离散变量进行预处理。这样，共生成了 40000 个训练样本和 1000 个测试样本。

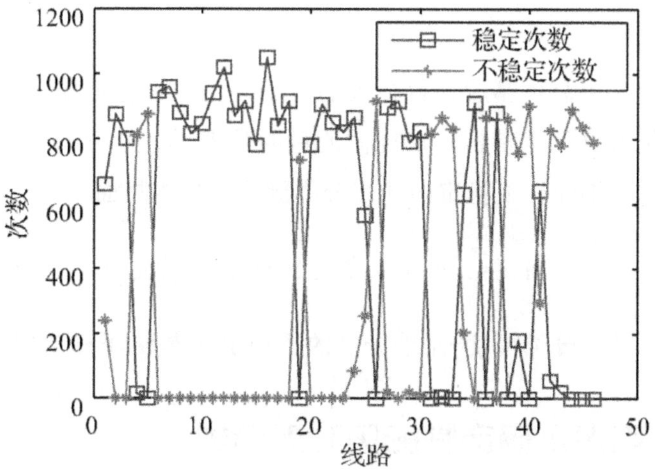

图 4-4　每条线路仿真结果的统计

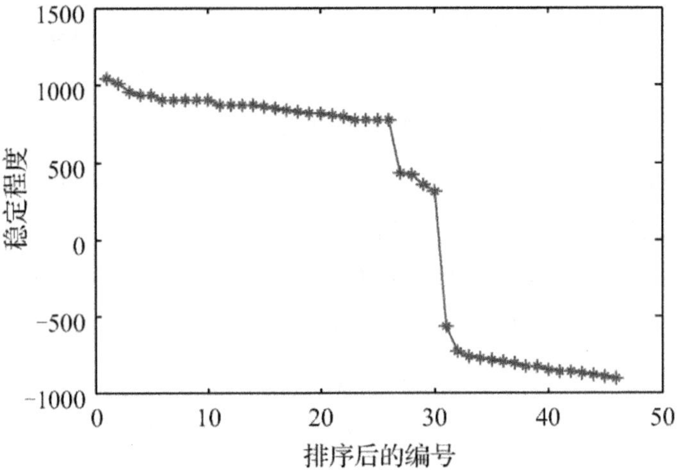

图 4-5　线路的重新排序

4.4.2　评价标准

考虑到使用总体精度评价标准的缺陷，增加了稳定样本和不稳定样本的分类精度这两个指标，这样做的目的是为了衡量考虑不确定性分类的保守性，即不能让不稳定的样本分类到稳定样本里面。

稳定样本分类精度=正确分类的稳定样本数/稳定样本总数

不稳定样本分类精度=正确分类的不稳定样本数/不稳定样本总数

4.4.3　考虑不确定性的贝叶斯分类

对于二值的最小风险贝叶斯分类来说，它的损失函数共有四个值，如表 4-1 所示。

其中$\lambda(\alpha_0,0)$、$\lambda(\alpha_1,1)$，由于正确分类故取值为 0；$\lambda(\alpha_0,1)$和$\lambda(\alpha_1,0)$这两个值可以根据经验来选择，通常来说，损失比值$\lambda(\alpha_1,0)/\lambda(\alpha_0,1)$的值越大，则分类的结果越保守。特别地，当两者全部取 1 时，则最小风险贝叶斯分类退化为反向的最小概率贝叶斯分类。为了验证离散变量排序对朴素贝叶斯分类器的重要性，分别对排序前后的样本进行训练和分类，分类的结果如表 4-2 所示。

表 4-1　损失函数表

损　失	稳定样本	不稳定样本
正确分类	$\lambda(\alpha_0,0)$	$\lambda(\alpha_1,1)$
不正确分类	$\lambda(\alpha_0,1)$	$\lambda(\alpha_1,0)$

表 4-2　排序前后的分类结果

$\lambda(\alpha_1,0)/\lambda(\alpha_0,1)=1$	未排序	排序后
总体分类精度	0.791	0.972

图 4-6 给出了随着损失比值$\lambda(\alpha_1,0)/\lambda(\alpha_0,1)$的增大，分类精度的变化情况。从图中可以看出，当不考虑分类后果时，即$\lambda(\alpha_1,0)/\lambda(\alpha_0,1)=1$，不稳定样本的分类精度为 95.7%，稳定样本分类精度为 98.6%，其中，不稳定样本分类错误将给系统带来严重后果，当$\lambda(\alpha_1,0)/\lambda(\alpha_0,1)=1.6$时（可取 $\lambda(\alpha_1,0)=1.6$，$\lambda(\alpha_0,1)=1$），不稳定样本的分类精度可达到 100%，而稳定样本的分类精度为 0.964，即以降低稳定样本的分类精度为代价，提高了不稳定样本的分类精度，这样也符合系统保守性的要求。

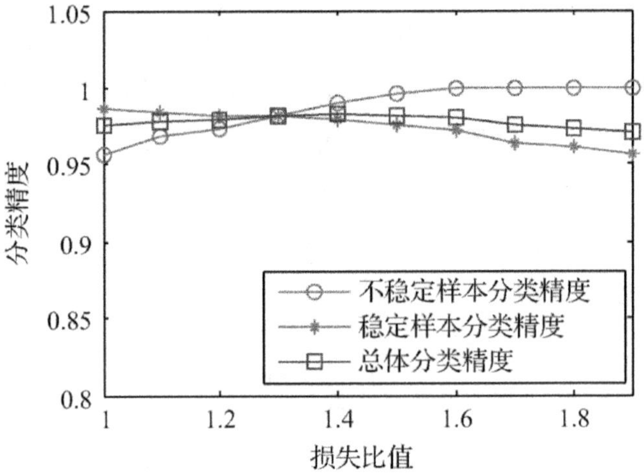

图 4-6　损失比值对分类精度的影响

4.5　结论

本章提出了一种考虑负荷、节点注入功率、故障切除时间、故障线路和故障位置等不确定性因素的暂态稳定在线预测方法，其意义如下：

（1）将数据场的概念引入 Monte-Carlo 抽样，指出 Monte-Carlo 抽样样本在高维空间形成一个数据场，其中很多的抽样分布在数据场的势心周围，这些样本的差异并不是很大，利用聚类思想将这些样本聚类，从而很好地解决了 Monte-Carlo 抽样的精度与计算效率之间的矛盾。

（2）提出将 Monte-Carlo 抽样中的离散变量故障线路和故障位置进行重新排序，排序的方法为按稳定程度从高到低，这一思想使得线路和位置变成与负荷和故障切除时间等因素一样具有了与系统稳定性直接相关的属性，建立了故障线路不确定性与稳定结果之间的桥梁，解决了传统只能分析在某假定线路故障情况下不确定性因素对系统稳定造成的影响。

（3）将风险的概念引入朴素贝叶斯分类器，指出了误分类损失函数直接量化的困难性，提出将损失函数量化改为寻求合理的损失函数值，使得分类器能以很高的精度将不稳定样本正确分类，使分类器具有合理的保守性，从而巧妙地绕过了损失函数量化的致命困难性。

（4）Monte-Carlo 模拟与朴素贝叶斯分类器均是处理不确定性问题的重要工具，本书将两者结合起来，充分地考虑了电力系统不确定性这一本质问题，为考虑不确定性的暂态稳定在线预测提供了新的思路。

参考文献

[1] 彭疆南，孙元章，王海风. 基于广域量测系统数据和导纳参数在线辨识的受扰轨迹预测[J]. 电力系统自动化. 2003，27(22):6-11

[2] LIU C W, THORP J S. New methods for computing power system dynamic response for real-time transient stability prediction[J]. IEEE Trans on Circuits and Systems, 2004, 7(6):324-337

[3] 李琰，周孝信，周京. 基于新增虚拟节点的系统受扰轨迹预测[J]. 电力系统自动化. 2007，31(12):19-23

[4] 王同文，管霖，章小强，等. 基于扩展 k 阶近邻法的电力系统稳定评估新算法[J]. 电力系统自动化. 2008，32(3):18-23

[5] MOULIN L S, DA SILVA A P A, EL-SHARKAWI M A, etal. Support vector machines for transient stability analysis of large-scale power systems[J]. IEEE Trans on Power Systems, 2004, 19(2): 818-825

[6] 王同文，管霖. 基于模式发现的电力系统稳定评估和规则提取[J]. 中国电机工程学报. 2007，27(19):25-32

[7] 于之虹，郭志忠. 基于数据挖掘理论的电力系统暂态稳定评估[J]. 电力系统自动化. 2003，27(8):45-49

[8] 许涛，贺任睦，王鹏. 基于统计学习理论的电力系统暂态稳定评估[J]. 中国电机工程学报. 2007，27(25):38-43

[9] 宋方方，毕天姝，杨奇逊. 基于 WAMS 的电力系统受扰轨迹预测[J]. 电力系统自动化. 2006，30(23):27-32

[10] 刘兆燕，江全元，曹一家. 基于广域测量系统的快速暂态稳定预测方法[J]. 电力系统自动化. 2007,31(21):1-5

[11] George G. K, Jun G. A Hybrid Method for Generator Tripping[J]. IEEE Transactions on Power System, 2002, 17(4): 29-34

[12] 吴琼，杨以涵，刘文颖. 基于最小二乘支持向量机的电力系统暂态稳定在线预测[J]. 中国电机工程学报. 2007，27(25):38-43

[13] 刘强，薛禹胜，ZhaoyangDONG3，et al. 基于稳定域及条件概率的暂态稳定不确定性分析[J]. 电力系统自动化. 2007，31(10):1-7

[14] 薛禹胜，刘强，Zhaoyang DONG，等. 关于暂态稳定不确定性分析的评述[J]. 电力系统自动化. 2007，31(14):1-8

[15] 付川，余贻鑫，王东涛. 电力系统暂态稳定概率[J]. 电力系统自动化. 2006，30(1):24-30.

[16] 李德毅，杜鹢. 不确定性人工智能[M]. 北京：国防工业出版社，2001

[17] 张连文，郭海鹏. 贝叶斯网引论[M]. 北京：科学出版社，2006

[18] 宋晓娜，毕天姝，吴京涛，等. 基于 WAMS 的电网扰动识别方法[J]. 电力系统自动化，2006，30(5):24-28

[19] Jiang J. A, Lin Y. H, Yang J. Z,et al. An Adaptive PMU Based Fault Detection/Location Technique for Transmission Lines Part I: Theory and Algorithms[J]. Transaction on Power Delivery. 2000, 15(2):486-494

[20] Jiang J. A, Lin Y. H, Yang J. Z,et al. An Adaptive PMU Based Fault Detection/Location Technique for Transmission Lines—Part II: PMU Implementation and Performance Evaluation[J]. Transaction on Power Delivery. 2000, 15(4):1136-1147

第 5 章　基于 PMU 的暂态稳定自愈控制

5.0　引言

随着广域测量系统（WAMS）的发展，控制中心有足够的精度和速度来获得系统动态行为的数据，为实现基于发电机功角受扰轨迹的暂态稳定预测提供了新契机[1-5]。目前，研究人员提出了很多基于 WAMS 的暂态稳定预测方法。文献[6]提出了一种基于功角受扰轨迹拟合的暂态稳定快速预测方法，该方法既考虑了电力网络的内部结构，又利用了相量测量单元上传的 PMU 数据，能以较高的准确率判断系统的稳定性。上述方法的缺点在于计算量和数据存储量过大，对特大型系统来说，生成故障模式库的代价是巨大的，不适合在线应用，另外，也没有给出如何利用这些预测曲线进行暂态稳定的自愈控制。

事实上，目前暂态稳定预测的判据主要有两种[7]，一种是判断故障后，系统中最超前和最滞后的临界机组的功角差，若其功角差在有界范围内变化，则该系统相对稳定，否则系统是不稳定的。另一种是判断系统中每台发电机功角偏离故障电气中心的距离，如果偏离距离是有界的，则该系统相对稳定，否则系统是不稳定的。判据的不同直接影响着暂态稳定的预测方法和控制策略。本章拟从第二种判据出发，提出一种基于 PMU

的暂态稳定自愈控制策略。该方法首先利用蒙特卡罗方法对系统进行离线仿真，得出各个发电机功角偏离故障系统电气中心的距离曲线，然后对不稳定的曲线进行聚类并提取特征曲线，最后，计算 WAMS 的发电机功角短时量测数据与不稳定受扰轨迹模式库中各模式之间的欧氏距离，根据该距离和发电机的惯性常数制定自愈控制策略。

5.1　基本思想

当系统发生短路后，电网的结构和参数发生较大变化，使得系统的潮流和发电机的输出功率也随之变化，破坏了发电机和原动机之间的平衡，导致转子加速或减速。在这个过程中，发生变化的还有励磁系统、节点电压、系统负荷以及其他一些控制装置等，这些变化交织在一起，使得转子的运行成为一个高度的非线性变化过程。在进行电网暂态稳定预测时，应充分考虑到这些非线性因素，否则，预测结果的可信度将下降。文献[6]采用蒙特卡罗方法进行离线故障仿真计算，得出某台发电机相对于参考节点的所有故障曲线，这样使得每条曲线中都考虑了电力系统内部的非线性因素；然后，对这些故障曲线进行聚类，可以得出某台发电机在这个特定的电力网络下的所有故障模式；最后，利用广域测量短时数据，对该发电机的功角曲线进行拟合，该拟合方法能体现电力系统中的大部分非线性因素的曲线。该方法是典型的离线仿真在线拟合的暂态稳定预测方法，具有较高的可信度，但是，它的缺点在于生成发电机功角模式库的数据量和计算量过于庞大，也没有给出该发电机功角轨迹后的控制策略。

当电力系统遭受到严重的扰动时，判断系统是否保持同步的主要依据是系统内发电机与电气惯性中心的角度偏差是否保持在一定的范围内，如果该功角能保持在一定范围内，那么系统是稳定的，如果该功角超出指定范围，则可以认为系统已经失去稳定。从暂态稳定自愈控制的思路出发，应当更加关注失稳机组，因此，记录方法从记录所有发电机功角曲线改为只记录失稳机组的功角，然后进行聚类，得到失稳机组功角差模式库，最后利用广域量测短时数据进行拟合，拟合参数采用均值和方差两种统计方法，均值反映了故障发电机是超前或滞后电气故障中心，方差则反映了短时量测数据与特征曲线的重合度，再根据该特征曲线指定自愈控制策略。

5.2 数学模型

5.2.1 不稳定机组功角差模式库生成模型

在此采用与文献[6]相同的故障曲线模式库生成方法，但是只统计不稳定状态下的发电机故障曲线，将该统计方法转化为一个有约束的优化问题，如式（5-1）所示。

$$\begin{aligned} &J=\min\{M\} \\ &\textbf{s.t.}\quad f_{ij}(x)\leqslant e \end{aligned} \tag{5-1}$$

其中，M 为不稳定故障曲线模式个数，$f_{ij}(x)$如式（5-2）所示，e 为误差阈值，其值大小取决于仿真时间和仿真步长。

$$f_{ij}(x)=\sqrt{\sum_{t}^{T_S}(X_{ijt}-M_{it})^2} \tag{5-2}$$

式中，T_s为总的仿真时间，X_{ijt}为从属于第 i 个标准模式的第 j 条轨迹在 t 时刻的值，M_{it}表示第 i 个功角标准模式在 t 时刻的值，$f_{ij}(x)$从属于第 i 个标准模式的第 j 条轨迹与标准模式之间的误差，也称欧氏距离。

该优化问题的求解仍可采用基于最小距离的层次聚类算法[8]，求解过程不再详述。由于每台发电机功角相对于故障电气中心的初值是不一样的，因此，应将其初值归零，以便有效地进行聚类。在生成不稳定机组功角差模式库时，由于各个发电机功角的初值不一样，所以应当进行归一化处理，即将其初值归为 0，以便计算和分析。

5.2.2 功角拟合方法

由于系统具有强烈的非线性，因此功角拟合与功角聚类并不具有可逆性，为了能更加准确地反映出短时 WAMS 量测曲线与不稳定机组故障曲线模式库中曲线的重合程度，这里采用如下两种误差统计方法。

$$
\begin{aligned}
D_{1i} &= \sum_{t}^{T}(x_t - M_{it}) \\
D_{2i} &= \sqrt{\sum_{t}^{T}(x_t - M_{it})^2} \\
D &= \frac{1}{2}(D_{1i}+D_{2i})
\end{aligned}
\tag{5-3}
$$

式中，D_{1i}表示当前采集样本与不稳定机组故障曲线模式库中第 i 个模式的均值差，D_{2i}表示当前采集样本与不稳定机组故障曲线模式库中第 i 个模式的均方差，D 为某功角轨迹与标准轨迹之间的误差阈值，x_t表示采集样本在 t 时刻的数据，T 表示 WAMS 对发电机功角进行跟踪的总时间，M_{it}表示标准模式 i 在 t 时刻的值。

5.2.3 暂态稳定自愈控制策略

利用短时量测数据和不稳定机组故障曲线模式库，结合误差数据D_{1i}和D_{2i}，进行功角拟合，可得到该机组相对于电气故障中心的电气距离。文献[9]指出在发电机功角轨迹里面蕴含着能量函数的概念与思想；文献[10]提出以发电机失稳时间为依据，确定失稳机组的切机容量，但是这种量化方法不能有效的衡量机组相对于电气惯性中心的偏移程度，因此，本书提出一种新的量化方法，如果故障在发电机出口处，则应直接切机；对于其他失稳机组应以超过程度偏离距离进行自愈控制。该方法从故障时刻开始，以故障轨迹到达 180° 为止，对发电机在该段的功角偏离，对发电机功角偏离电气中心的距离进行积分，然后再除以积分时间，即可得到该失稳发电机在故障后单位时间的偏移程度，该程度即为切机容量的依据，书中在仿真算例中验证了该依据的合理性。另外，紧急控制的效果还与该发电机的惯性系数、实施自愈控制的时间等有关系，因此，拟定采取自愈控制侧策略具体如下。

$$\Delta p = k \times H \times T \times \frac{1}{t} \times \int_{t_s}^{t_c} \Delta\delta dt \tag{5-4}$$

式中，Δp为发电机需切除的容量；k为量化系数，可根据经验来确定；T为实时控制的时间；t_s为故障开始时间；t_e为该发电机失稳时间；t为该发电机从故障时刻开始到该发电机偏离电气中的距离为 180°的时间；H为该发电机的惯性系数；$\Delta\delta$为该发电机功角偏离惯性中心的距离。

5.3 算例

5.3.1 获取样本

以新英格兰节点测试系统为例，对书中方法进行仿真验证，测试系统中共包含 10 台发电机和 46 条线路，仿真模型中考虑了调速器、励磁系统以及负荷的动态特性。

首先，假设系统在 0.1 秒发生故障，故障的切除时间期望值为 0.2 秒，即故障持续时间期望值为 0.1 秒，标准差为 0.01 秒；故障类型共有单相接地故障、两相接地故障、相间短路、三相接地故障以及母线失去负荷等 5 种类型；并假设系统中故障线路为均匀分布，故障位置为线路的首端或末端，仿真总积分时间为 5 秒。对系统的短路故障参数进行抽样，然后，进行蒙特卡罗仿真，共进行了 10000 次抽样，其中的 9000 次用于模式提取，剩余 1000 次用于测试。

5.3.2 模式提取

对于不稳定机组的功角偏移轨迹，误差阈值 D 是唯一能确定模式个数的参数，表 5-1 中列出了取不同误差时的模式个数。

表 5-1 误差阈值与模式个数关系

误差阈值	200	150	100	50
模式个数	26	47	91	113

从表 5-1 中可以看出，误差阈值越小，发电机不稳定功角曲线模式库中的模式个数越多，则需要的存储空间和计算的复杂度越大，此时预测的精度也越高；反之，需要的存储空间和计算复杂度就越小，但是预测的精度就要有所降低。因此，误差阈值 e 的取值应当兼顾到模式个数和预测精度两个方面，其取值依据可以定义为在保证预测精度达到某个固定精度时误差阈值可取的最大值。

5.3.3 发电机功角轨迹预测

以某单个测试样本为例，假定误差阈值 D 取值为 100，得到不稳定曲线模式个数为 91 个，利用书中方法对第 5 号发电机相对于电气中心的功角轨迹进行预测。假设线路 3、线路 4 发生在 0.1 秒发生故障，故障在 0.26 秒切除，按照设定误差阈值选定故障模式后，所得故障功角曲线与实际功角曲线如图 5-1 所示，图中实线为故障模式库中功角曲线，虚线为预测曲线，从图中可以看出，预测曲线与实际曲线基本一致，满足预测要求。

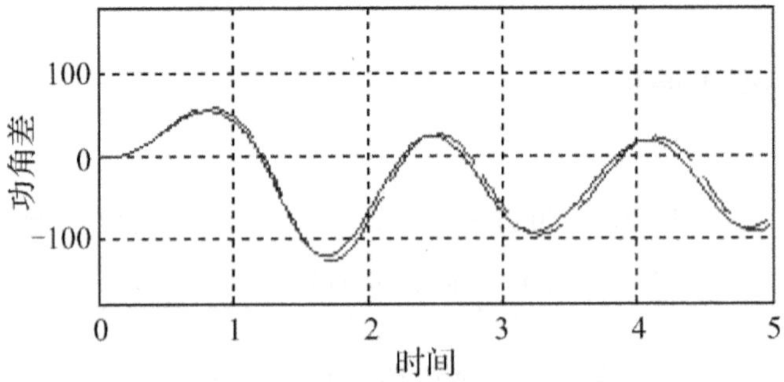

图 5-1　预测轨迹与实测轨迹对比

5.3.4　暂态稳定的自愈控制

在此仍以第 5 号发电机为例，来验证本书的算法。首先假设线路 3 和线路 4 发生故障，故障切除时间为 0.2s、0.22s、0.24s、0.26s、0.28s、0.3s，对该发电机在失稳前的积分除以失稳时间的值如图 5-2 所示，从图中可以看出，该积分面积与故障切除时间基本成正比，也就是说从积分面积基本可以断定大概的故障切除时间，这为本书的自愈控制算法提供了理论和计算依据。

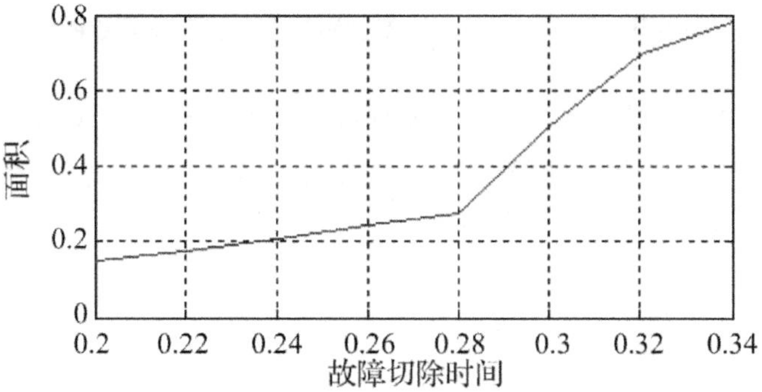

图 5-2　故障切除时间与积分面积的关系

以线路 3 和线路 4 发生故障为例，假设 WAMS 每隔 20ms 采集一次功角数据，并且对故障后的发电机轨迹进行了 0.3s 的跟踪，另假设 WAMS 信息传输的时滞为 0.2s，则系统基本可以在 0.6s 左右实行紧急控制。按照书中算法，该发电机功角偏离惯性中心的距离在失稳之前的单位面积为 0.7892，惯性系数为 2.6，k 取 0.1，则应当切除的发电机功率为其额定功率的 0.123，即 12.3.5%，实施自愈控制与未实施自愈控制的发电机功角轨迹如图 5-3 所示，图中虚线为未实施自愈控制的功角轨迹图，实线部分为实时自愈控制后的功角轨迹图。

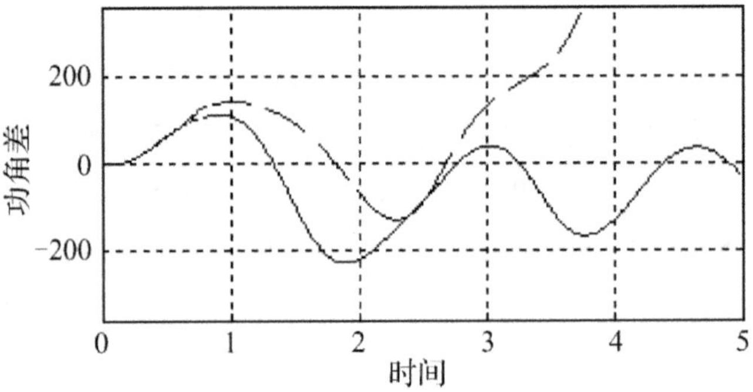

图 5-3　实施控制与未实施控制的发电机功角轨迹图

从图中可以看出，由于在 0.6s 时进行了自愈控制，使得该发电机相对于故障电气中心的距离逐步减小，实现了基于 PMU 暂态稳定的自愈控制。

5.4　结论

本章对发电机因电网短路造成的功角变化模式进行了分析，提出了构建失稳发电机功角的轨迹模式库，利用模式库的轨迹来拟合 WAMS 的功角短时量测数据未来的运动趋势，进而得到失稳发电机的功角轨迹；提出了基于预测轨迹的暂态稳定自愈控制方法，最后利用新英格兰测试系统验证了暂态稳定自愈控制方法的有效性。

参考文献

[1] 薛禹胜，徐伟，Zhaoyang DONG 等. 关于广域测量系统及广域控制保护系统的评述. 电力系统自动化. 2007，8(10):1-6

[2] LIU C W, THORP J S. New methods for computing power system dynamic response for real-time transient stability prediction. IEEE Trans on Circuits and Systems, 2004, 7(6):324-337

[3] 宋方方，毕天姝，杨奇逊. 基于 WAMS 的电力系统受扰轨迹预测. 电力系统自动化. 2006，30(23):27-32

[4] 刘兆燕，江全元，曹一家. 基于广域测量系统的快速暂态稳定预测方法. 电力系统自动化. 2007，31(21):1-5

[5] 李琰，周孝信，周京. 基于新增虚拟节点的系统受扰轨迹预测. 电力系统自动化. 2007，31(12):19-23

[6] 刘新东，江全元，曹一家. 基于功角受扰轨迹拟合的暂态稳定快速预测. 电力系统自动化. 2008，32(19):5-10

[7] 甘德强，辛焕海，王建全. 暂态稳定预防控制和优化新进展. 电力系统自动化. 2004，5(25):1-7

[8] 杨淑莹. 模式识别与智能计算. 北京：电子工业出版社，2008

[9] 吕志来，张保会，哈恒旭. 基于轨迹信息的暂态稳定裕度研究. 电力自动化设备. 2000，20(2):1-3

[10] 刘新东，江全元，黄志光，等. 基于广域测量系统的功角稳定与发电机失步保护的协调控制. 电力系统自动化设备. 2009，29(7):52-55

第6章　基于多代理技术的分布式电网自愈控制策略

6.0　引言

国家电网公司提出了以特高压电网为骨干网架，各级电网协调发展，具有信息化、数字化、自动化、互动化为特征的统一坚强智能电网的发展目标。智能电网具有“自愈、可靠、预测、安全、互动、优质、高效、协调、集成、兼容”十大特点，它不但具有对各种随机性和间歇性电源的消纳能力、允许多种清洁能源发电并入，而且能及时发现故障，并提供在线决策支持，通过各道防线实施控制。自愈是智能电网的核心。“自愈”源于生物医学界，在系统理论中定义为系统的一种能够察觉自身状态，且在干预的情况下，采取适当的调整以恢复常态的性质。在电力系统中是指把电网中有问题的元件从系统中隔离出来，并且在很少或不用人为干预的情况下，可以使系统迅速恢复到正常运行状态。

目前，很多文献提出利用多代理技术来解决分布式电网的自愈控制问题。多代理系统是一种能够智能和灵活地对工作条件的变化和周围过程的需求进行相适应的系统，多代理系统由多个代理通过共同合作来组成，利用多代理系统可有效解决结构和拓扑复杂的分布式电网自愈控制问题[1-2]。文献[3]提出利用对等多代理技术实现故障预警、隔离和恢复，但是该文献既没有考虑如多分支等情况，也没有考虑到继电保护设备拒动、通讯网络阻塞等问题；文献[4]提出了一种介于集中式主站方式和重合器配合方式之间的分布式实现方式，该方法的缺点在于多代理的设计结构过于复杂，而且区域内一次电力网络的变化将会导致该区域所有代理的重新配置；文献[5]提出了一种基于通用面向对象变电站事件的分布式智能馈线自动化系统，从开环和闭环网络两个方面讨论了分布式电网的自愈控制方法，其本质上仍然是传统的分布式和集中式相结合的方法；文献[6-7]将电网的自愈控制分为稳定、故障隔离和重组三种状态；文献[8-11]则从故障自愈控制的不同阶段对该问题进行了阐述。

本书在前述文献的基础上，提出了一种基于多代理技术的分布式电网自愈控制方案，该方法将首先按照配电网物理器件特性，将代理分为馈线代理和负荷开关代理两类，将自愈控制过程分为三个阶段六个状态，并考虑负荷开关拒动、通讯阻塞等问题，真正实现了分布式对等的多代理控制，书中方法逻辑清晰，实现简单，为分布式电网实现自愈控制打下良好的理论基础。

6.1 多代理系统

6.1.1 多代理系统简介

多代理的定义目前还没有公认的标准，本书所研究的代理，是代表用户或其他程序，以主动服务的方式完成一组计算机相关操作的计算机实体。多代理系统由多个代理相互协作，完成相应的功能。通信能力是多代理技术的重要特征，代理通过通信获取必要的信息，各个代理间通过参数的交互，协作完成求解同一问题。本书所研究系统只包括两个类型的代理，即馈线代理和负荷开关代理。馈线代理主要是定义变电站的出线侧断路器的行为，而负荷开关代理则主要定义为配电线路上的负荷开关的行为。利用多代理系统，结合系统状态机，将分布式电力系统的自愈分为故障检测、隔离和恢复三个阶段六个状态，接下来对该算法进行详细介绍。

6.1.2　状态机（state machine）

一个状态机是一个行为，它说明对象在生命周期中响应事件所经历的状态序列以及对事件的响应。一个状态（state）是指在对象生命周期中的一个条件或状况，在此期间对象将满足某些条件、执行某些状态或等待某些事件。一个事件（event）是对一个在时间和空间上占有一定地位的有意义事情的规格说明。在状态机中，一个事件能够触发一个状态转换。一个转换是两个状态之间的一种关系，它指明对象在第一个状态中执行一定的动作，并当特定事件发生或特定的条件满足时进入第二个状态。一个动作是一个引起模型状态改变或值的返回的可执行的原子操作。本书根据自愈控制的关键步骤，提出系统状态机如下。

① 无返回查询；

② 带返回查询；

③ 跳闸；

④ 查询是否需要转供；

⑤ 查询转供可能；

⑥ 转供。

6.1.3 参数格式

每个馈线代理的参数均包括以下4个部分。

① 系统中其他的馈线代理；

② 是否检测到短路电流及短路电流方向；

③ 与其相邻的第一级负荷开关代理；

④ 与第一级负荷开关代理相邻的第二级负荷开关代理。

每个负荷开关代理的参数均包括以下5个部分。

① 本负荷开关代理的运行状态（断开或闭合）；

② 是否检测到短路电流及短路电流方向；

③ 与其相邻的第一级负荷开关代理；

④ 与第一级负荷开关代理相邻的第二级负荷开关代理；

⑤ 以本负荷开关为分界点的不同方向上所带负荷。

6.2　分布式电网自愈控制的模型

6.2.1　自愈控制模型

分布式电网实现自愈控制的基础单元是负荷开关，这些负荷开关除了需要满足正常的短路电流大小与方向检测、相邻节点负荷开关正常通信之外，还需要考虑开关拒动、通信通道障碍等问题，图 6-1 为一个典型的分布式网络。

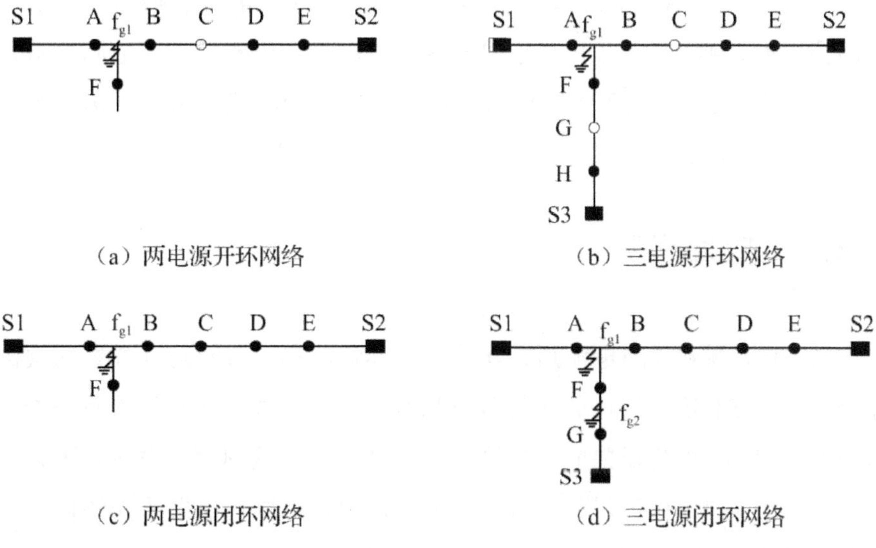

图 6-1　典型的分布式电网

图 6-1 中，包括了馈线代理 S1、S2、S3，以及负荷开关代理 A、B、C、D、E、F、G。从系统结构上来说，主要包括开环和闭环两种结构，

对于闭环结构的网络来说，如果系统发生故障，则自愈控制方案将故障隔离即可；而对于开环网络来说，如果系统发生故障，不仅需要将故障隔离，还需要对网络进行重构，将部分停电节点通过其他电源进行转供电，因此，开环网络和闭环网络的处理方法不尽相同，需要分别考虑。

在系统发生故障后，首先由检测到故障电流的馈线代理进行重合闸，以判断短路故障是瞬时性故障还是永久性故障；若重合闸失败，馈线代理则进行一次信息交互，进行消息闭锁，然后进入故障检测环节。具体算法为，首先定义馈线代理的优先级，优先级的定义并无特殊要求，可遵循从左至右、从上至下的要求，如 S1->S2->S3；然后由检测到短路故障的馈线代理发送给其下一级的馈线代理，如图 6-1（d）所示，如果由 S2 首先检测到短路电流，发送 S2 短路信息至 S3；当 S3 接收到高一级的短路信号时，则发送 S2 短路信息至 S1，若 S1 并没有检测到故障电流，则由 S1 发送 S2 检测到故障电流发送至 S2，由 S2 进入故障检测环节；若 S1 已检测到故障电流，则由 S1 直接进入故障检测环节。

6.2.2 故障检测

在 S1 检测到故障电流后，开始向其邻近的第一级负荷开关发送检测命令；若与 S1 相邻的负荷开关节点只有 1 个，则发送无返回查询命令；若与 S1 相邻的负荷开关节点超过 1 个，则发送有返回查询命令，因为当其在某个方向上的相邻节点超过 1 个时，短路点则可能发生在该区域或者其中的某一条支路上。

根据研究发现，如果在某节点的某个方向上的相邻节点只有一个，并且该节点不存在短路电流，或者存在方向相反的短路电流，则说明短路点在该区间内。

如果在某节点的某个方向上的相邻节点超过一个，则存在如下规则：

规则 1：若相邻节点中均没有检测到短路电流，则说明短路点在该区域内，并且系统属于开环运行。

规则 2：若相邻节点中只有一个节点存在短路电流，且电流方向相同，则说明短路点发生在该节点所在支路上。

规则 3：若相邻节点中存在电流方向相反的节点，且剩余节点均未检测到短路电流，则说明短路点在该区域内，系统属于闭环运行。

规则 4：若相邻节点中所有节点均检测到短路电流，且电流方向相反，则说明短路点在该区域内，系统属于闭环运行。

规则 5：若所有节点均检测到短路电流，但只有一个节点电流方向相同，其余节点电流方向相反，则说明短路点在该电流方向相同的节点所在支路上，系统属于闭环运行。

以图 6-1（a）为例，当 S1 发送无返回查询至代理 A，代理 A 发送有返回查询至代理 B 和代理 F，代理 B 和代理 F 分别返回没有检测到短路电流，则符合规则 1，证明短路点在区域 ABF 内；图 6-1（b）也符合规则 1，图 6-1（c）符合规则 3；图 6-1（d）中故障 fg1 符合规则 4；故障 fg2 符合规则 5。

6.2.3　故障隔离

在判断系统的短路点之后，接下来就需要对故障进行隔离。对故障进行隔离需要考虑到信号通信故障，继电器拒动等因素。若在节点发现某一方向的区域内发现故障，则通知该区域的相邻节点跳闸，发送有返回跳闸指令以隔离故障。相邻节点跳闸成功后，返回跳闸成功信号；若相邻节点跳闸不成功则返回跳闸不成功信号，或者源节点接收不到相邻节点的跳闸信号，由源节点在路由中将该节点信息删除，并视该节点的下一级节点为源节点的相邻节点，然后通知修改后的下一级相邻节点跳闸。

以图 6-1（d）假设区域 ABF 间发生永久性接地短路故障 fg1，当代理 A 检测到故障发生在区域 ABF 后，发送跳闸指令至代理 B 和代理 F，若代理 B 跳闸不成功，返回跳闸不成功信号至代理 A，则代理 A 通知与代理 B 相邻的下一级代理 C 跳闸；若代理 B 在指定时间内无消息返回，也进行同样操作。

6.2.4 故障恢复

对于闭环系统，将故障成功隔离后，剩余部分均可正常工作，无需考虑故障快速恢复问题。但对于开环系统，则需要考虑负荷转供与恢复问题。负荷转供需要考虑两个方面，一是是否存在转供路径；二是是否具有转供能力。在图 6-1（b）中，当代理 B 和代理 F 跳闸后，分别携带参数负荷值向其下一级方向查询是否存在转供路径；若发现存在断开节点，则进入查询负荷转供能力状态，然后由断开节点向下一级进行查询，直至馈线节点；若期间又一次发现存在断开节点，则退出程序；馈线节点在计算当前负荷剩余能力之后，若有能力进行转供，则进入返回转供状态，逐步通知断开节点闭合；若发现无转供能力，则退出程序。

6.2.5 算法分析

与其他算法相比，本书有效解决了通信阻塞问题，实现了配电网开环闭环一体化控制方法。关于通信阻塞问题，本书通过优先级的定义，规定了自愈系统的查询和控制总是由最高级别的并且带有故障电流的馈线代理发起，将有效解决通信阻塞问题。另一方面，本书将开环系统的自愈控制方案和闭环自愈控制方案组成在一起，只是通过软件方面来区别，实现了开环和闭环配电网一体化控制。关于算法自检功能，目前还在进一步研究之中。

6.3 算例

以图 6-1（a）为例，对书中算法进行验证，假定在区域 ABF 间发生短路永久性接地故障，负荷开关 B 拒动。利用软件 JADE 进行故障仿真模拟，其状态及消息过程如图 6-2 所示。

图 6-2 中共分为 6 个状态和 15 条信息，其消息过程如下。

- 1，当代理 S1 发现短路故障电流之后，通过代理 S1 自身参数设置，进行重合闸，若重合闸不成功，进行消息闭锁，然后系统即进入状态 1，并检测到其下级仅有一个负荷开关代理 A，则向该代理发送一个无返回的查询；

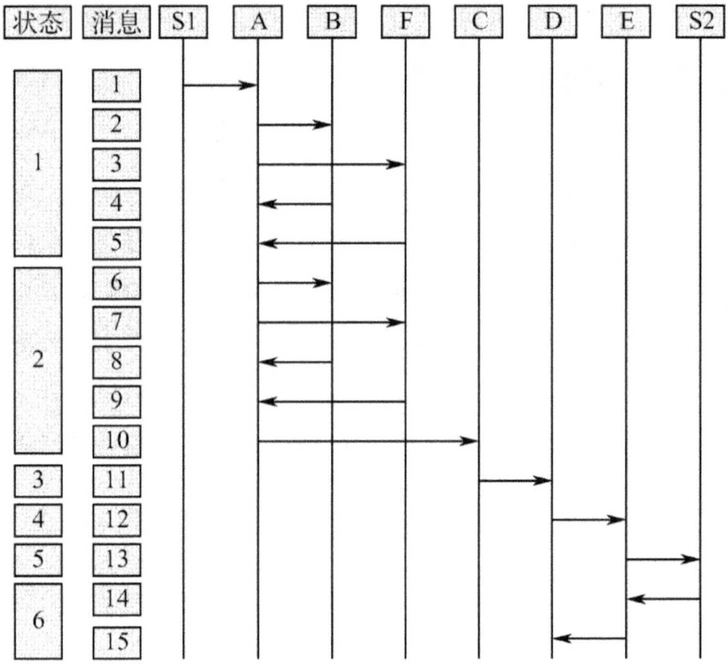

图 6-2　多代理的状态及消息过程

- 2-3，当代理 A 收到上级无返回查询之后，开始检测本身的短路电流，当 A 发现自身也曾检测到短路电流并且发现 A 的下级代理超过 1 个，则准备向下一级代理 B 和代理 F 分别发送一个有返回查询；
- 4-5，代理 B 和代理 F 向代理 A 返回没有发现短路电流信息；
- 6-7，代理 A 根据故障检测规则判断，故障就发生在代理 ABF 之间；系统进入状态 2 进行故障隔离，代理 A 向代理 B 和 F 发送负荷开关跳闸信号；
- 8-9，代理 F 接收到跳闸信号后跳闸成功，返回跳闸成功信号，然后检测到代理 F 不存在下一级的代理，则该路消息终止；代理 B 接收到跳闸信号后跳闸不成功，返回跳闸不成功信号；

- 10，代理 A 接收到代理 B 跳闸不成功信号，发送跳闸信号至 B 的下一级代理 C；
- 11，代理 C 跳闸成功之后，故障已经被隔离，此时系统进入状态 3，向下一级代理 D 查询是否需要转供；
- 12，代理 D 发现自己属于断开节点，证明系统需要转供；系统进入状态 4，并向下一级代理 E 发送查询转供能力信息；
- 13，代理 E 向下一级代理 S2 发送查询转供能力信息；
- 14，代理 S2 发现自身有转供能力后，发送信息至代理 E 可以转供命令；
- 15，代理 E 收到可以转供命令后，进行合闸。至此系统恢复完毕。

6.4　结论

本章所提出的基于多代理技术的分布式电网自愈控制策略，在考虑负荷开关拒动、通信阻塞等问题的基础上，将自愈控制过程分为故障检测、隔离和恢复三个阶段，在这三个阶段利用对等的分布式通信方式，利用不同阶段的不同算法进行分析，并将消息过程分为六个状态，并规定了状态之间转换的条件，最后以某个算例进行分析，验证了书中算法的有效性和实用性。

参考文献

[1] Stephen D.J. Mcarthur, Euan M. Davidson, Victoria M. Catterson, et al. Multi-agent systems for power engineering applications-Part I: concepts, approaches, and technical challenges[J]. IEEE Transactions on Power System. 2007,22(4):1743-1753

[2] Stephen D.J. Mcarthur, Euan M. Davidson, Victoria M. Catterson, et al. Multi-agent systems for power engineering applications-Part I: Technologies, standards, and tools for building multi-agent systems[J]. IEEE Transactions on Power System. 2007,22(4): 1753-1760

[3] Mikael M. Nordman, Matti Lehtonen. An agent concept for managing electrical distribution networks[J]. IEEE Transactions on Power System. 2005,20(2), 696-704

[4] 王照，马文晓，高飞. 基于多代理技术的分布式馈线自动化实现方法[J]. 电力系统自动化. 2010，34(6), 54-58

[5] 刘健，贠保记，崔琪. 一种快速自愈的分布智能馈线自动化系统[J]. 电力系统自动化. 2010，34(10): 62-67

[6] 孙辉，刘前进. 一种新型 MAS 的配电网保护与控制方案[J]. 电力系统保护与控制. 2010，38(16):24-31

[7] Ioannis S. Baxevanos, Dimitris P. Labridis. Implementing

multi-agent systems technology for power distribution network control and protection management[J]. IEEE Transactions on Power Delivery. 2007,22(1): 433-444

[8] 唐斐，陆于平. 分布式发电系统故障定位新算法[J]. 电力系统保护与控制. 2010，38(20):62-69

[9] 张智慧，郜能灵. 含分布式电源的配电网故障智能恢复方法研究[J]. 电力系统保护与控制. 2011，39(14): 79-86

[10] 魏巍，李兴源，廖萍，等. 含分布式电源的电力系统多代理故障恢复新方法[J]. 电力系统自动化. 2009，33(3):89-98

[11] 王守相，李晓静，肖朝霞，等. 含分布式电源的配电网供电恢复的多代理方法[J]. 电力系统自动化. 2007，31(30):61-67

第 7 章　广域测量系统下失步解列断面捕捉

7.0　引言

失步解列作为防止系统崩溃的最后一道防线，在国内得到了广泛的应用。电力系统失步后，选择合适的解列点，将系统解列，以使因频率不等而发生振荡的两部分系统失去联系，可以消除振荡，避免失步在全系统内进一步扩大[1-3]。在实际的系统中，通常采用装设在线路一侧的基于就地量量测失步解列装置检测系统失步，捕捉振荡中心。当装置判断出系统发生失步且振荡中心落在其所检测的线路上时，则解列该线路，解列的依据通常为判断等值机功角差摆开是否超过 180°，或某些典型电气特征量不超过特定值。

基于相量测量单元（PMU）的广域测量系统（WAMS）能高速度、高精度地同步采集电网中机组和线路的电压、电流、有功功率和无功功率等信号，为电力系统保护提供了一个新的视角。文献[4]指出利用 PMU 信号测量节点两端的相位差，可以有效地判断失步中心的位置。文献[5]则指出，当系统发生非同步振荡时，将伴随强烈的功角和频率振荡，设在系统失步中心附近的电压相量测量点将受到强扰动的影响，其偏差较大，而此时的穿越功率测量结果是较为准确的。如果能利用穿越功率计算失步断面，将会提高计算的可靠性。文献[6-7]提出利用周期无功积分寻找失步解列断面的方法，能全面地反应失步断面的电气量共性，但是，该方法需要对不同的线路设定不同的积分值，给保护整定带来了不便。

针对上述不足，提出了一种基于信号正交性理论的捕捉失步解列断面的方法。该方法以有功功率三个连续的过零点之间的时间为一个周期，得出这个周期内的无功功率变化率曲线，如果这个曲线能与余弦曲线正交，则说明该线路为异步振荡的失步断面，如果不能与余弦曲线正交，则说明该线路的振荡为同步振荡，其显著优点在于该方法的参数设置与系统运行方式和线路参数无关。最后以 3 机 9 节点系统和新英格兰系统为例，验证了书中方法的有效性。

7.1　理论推导

研究发现，系统发生失步大多是从两机振荡开始，当多机电力系统失步成两组同调机群，可以根据失步断面将系统等值为双机系统进行研究，文献[8]给出了一个等值双机模型，如图 7-1 所示，该文献将其应用于区分系统振荡与对称短路，本书在该文献的基础上进一步分析，将其应用于捕捉失步解列断面。假设系统等值双机电动势分别为 $\dot{E}_M$ 和 $\dot{E}_N$，等值阻抗分别为 Z_M 和 Z_N，线路等值阻抗为 Z_L，忽略频率对各阻抗的影响。

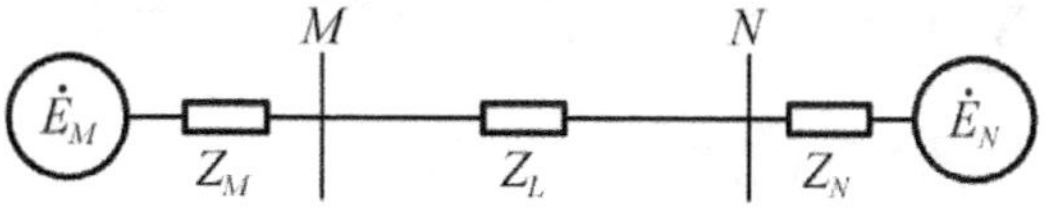

图 7-1　双机等值系统

电力系统振荡时，等值电势幅值实际上是不相等的，取电势 $\dot{E}_N$ 为参考相量，$\dot{E}_M$ 的幅值是 $\dot{E}_N$ 的 k_e 倍，两系统的功角差为 δ，则可得

$$\dot{E}_M = k_e \dot{E}_N e^{j\delta} \tag{7-1}$$

假设测量装置安装在 M 侧，根据欧姆定律，可得

$$\dot{I}_M = \frac{\dot{E}_M - \dot{E}_N}{\sum Z} \tag{7-2}$$

$$\dot{U}_M = \dot{E}_M - \dot{I}_M Z_M \tag{7-3}$$

其中

$$\begin{aligned} \sum Z &= \sum R + j\sum X \\ &= (R_M + jX_M) + (R_L + jX_L) + (R_N + jX_N) \end{aligned} \tag{7-4}$$

假设等值机 M 输出的有效功率为

$$S_M = \dot{U}_M \dot{I}_M^* = \dot{E}_M \dot{I}_M^* - I_M^2 Z_M \tag{7-5}$$

将式（7-1）代入式（7-5），可得

$$S_M = P_M + Q_M \tag{7-6}$$

其中

$$\begin{aligned} P_M = \frac{E_N^2}{\left|\sum Z\right|^2} \Big[& k_e \times \sum X \times \sin\delta + k_e \times \left(2R_M - \sum R\right) \times \\ & \cos\delta + k_e^2 \left(\sum R - R_M\right) - R_M \Big] \end{aligned} \tag{7-7}$$

$$Q_M = \frac{E_N^2}{\left|\sum Z\right|^2}\Big[k_e \times \left(2X_M - \sum X\right) \times \cos\delta - k_e \times \sum R \times \sin\delta + k_e^{\,2} \times \left(\sum X - X_M\right) - X_M\Big] \tag{7-8}$$

将式（7-7）、（7-8）对时间求导，得

$$\frac{dP_M}{dt} = \frac{k_e E_N^2}{\left|\sum Z\right|^2}\left[\sum X \times \cos\delta - (R_M - R_L - R_N) \times \sin\delta\right] \times \frac{d\delta}{dt} \tag{7-9}$$

$$\frac{dQ_M}{dt} = -\frac{k_e E_N^2}{\left|\sum Z\right|^2}\left[(X_M - X_L - X_N) \times \sin\delta + \sum R \times \cos\delta\right] \times \frac{d\delta}{dt} \tag{7-10}$$

假设 $\frac{d\delta}{dt} = \omega_s$ 为系统的瞬时角速度，则式（7-9）、（7-10）可写为

$$\frac{dP_M}{dt} = \frac{k_e E_N^2 \omega_s}{\left|\sum Z\right|^2}\left[\sum X \times \cos\delta - (R_M - R_L - R_N) \times \sin\delta\right] \tag{7-11}$$

$$\frac{dQ_M}{dt} = -\frac{k_e E_N^2 \omega_s}{\left|\sum Z\right|^2}\left[(X_M - X_L - X_N) \times \sin\delta + \sum R \times \cos\delta\right] \tag{7-12}$$

如果忽略系统的电阻，则可以得到

$$\begin{aligned} \frac{dP}{dt} &\propto \cos\delta \\ \frac{dQ}{dt} &\propto \sin\delta \end{aligned} \tag{7-13}$$

7.2 过程分析

从式（7-13）可以看出，线路上传输的有功和无功的变化正比于线路端电压相角差的cos值和sin值，因此，根据线路上的有功和无功即可估算出δ角的变化情况。当线路发生异步振荡时，线路的有功功率会出现过零点，文中以有功功率的三个连续过零点为一个周期。由于在某些同步振荡中也可能会出现功率过零的情况，因此，异步振荡的识别算法中必须能有效识别同调机群中的同步振荡，下面仔细分析这两个过程。

当系统发生同步振荡时，一般可以认为线路两端的电压相角差变化范围为0°～180°～0°，此时，dP/dt和dQ/dt的变化情况，如图7-2所示。

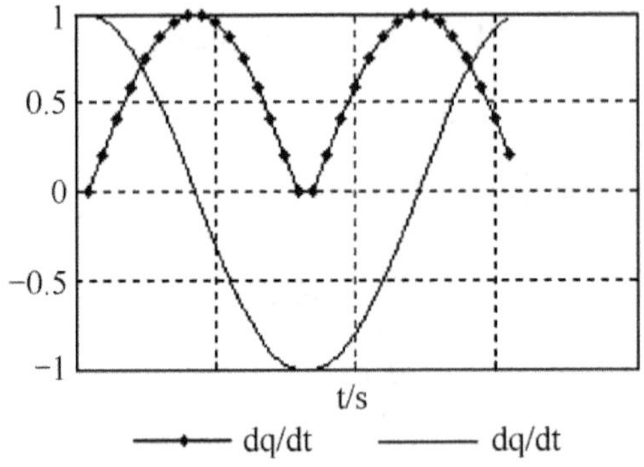

图7-2　一个周期内同步振荡时有功功率和无功功率变化率曲线

当系统发生异步振荡时，线路两端的相角差变化范围为0°～180°～360°，此时，dP/dt和dQ/dt的变化情况，如图7-3所示。

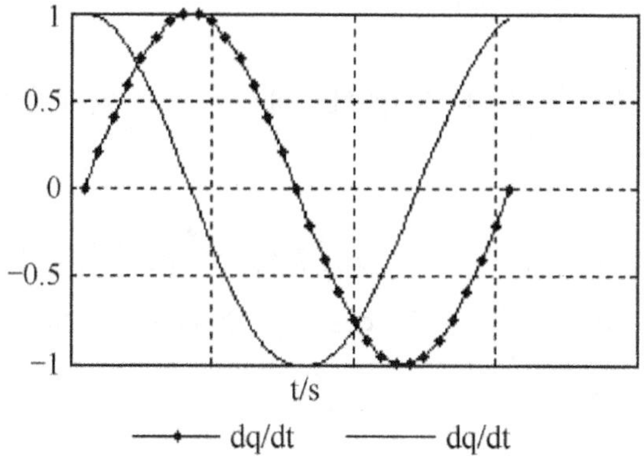

图 7-3　一个周期内异步振荡时有功功率和无功功率变化率曲线

比较图 7-2 和图 7-3，并结合数字信号知识[9]，可以看出在有功功率三次过零的一个周波内，当系统发生异步振荡时，dQ/dt 与余弦曲线正交；而当系统发生同步振荡时，dQ/dt 不具有这种特性。因此，利用 dQ/dt 与余弦曲线正交性可有效判断系统的失步振荡，如式（7-14）所示。

$$dQ/dt \perp \cos t \tag{7-14}$$

7.3　算法实现

dQ/dt 的特征决定了可以用信号的正交性来判断同步振荡和失步振荡，其实现算法如下。

Step1：检测系统有功功率过零点，以三个有功过零点的时间为一个周期，记录下这个周期内 dQ/dt 的变化情况。

Step2：若 $dQ/dt \equiv 0$ 则返回程序；否则对其进行尺度缩放，将其变换至[−1,1]范围之内，得到$(dQ/dt)^*$。

Step3：生成两个周波的余弦曲线，每个周波的采样点数应与$(dQ/dt)^*$保持一致。

Step4：滑动$(dQ/dt)^*$波形，每次滑动一个采样点，如图 7-4 所示，并分别计算$(dQ/dt)^*$与相应的$\cos t$部分的点积和（Sum of array multiplication，SAM）。

Step5：取 SAM 绝对值（Absolute value of SAM，ASAM）的最小值，若其小于某一定值V_{set}，即可认为两个信号是正交的，即认为此时系统发生了异步振荡。

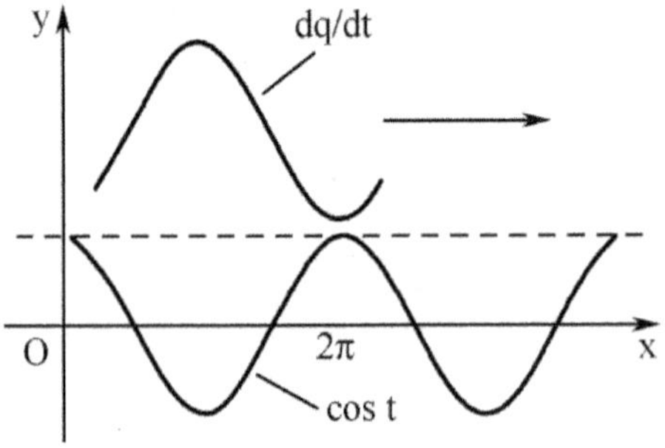

图 7-4　波形滑动算法

7.4　一些补充

7.4.1　辅助判据

文献[8]指出，当系统发生振荡时，$\max\{|(dP/dt)^*|,|(dQ/dt)^*|\}$取最

小的时刻应该在两端相角差为45°、135°、225°和315°时，所以，无论是系统发生同步振荡还是异步振荡，$|(dP/dt)^*|$和$|(dQ/dt)^*|$在振荡过程中的取值均不小于0.707，而当系统稳态运行和短路期间，则不满足这一条件，因此，为了防止失步保护发生误动，可以增加以下辅助判据。

$$\max\left\{\left|\frac{dP}{dt}\right|_k^*,\left|\frac{dQ}{dt}\right|_k^*\right\} > E_{set} \quad k=1,\cdots n \tag{7-15}$$

式中，E_{set}为辅助判据的阈值，为了使其具有一定的保守性，可取$E_{set}=0.5$。n为采样点数。

7.4.2　关于 V_{set} 的取值

对于不同的系统，由于其故障后的振荡模式和失稳方式不同，所以，无功变化率曲线的畸变程度也有所不同，书中根据大量的仿真结果得出，取$V_{set}=1$时，判别信号正交性的判据仍具有非常高的分辨率。

7.5　算例

7.5.1　3机9节点系统

假设广域测量系统的采集速度为每0.02秒一次，为了能更有效地计算其正交性，对其进行插值，使其每次采样速度达到0.005秒。一个周期的有效开始时间为故障切除后的有功变化率的第一个过零点，结束时间为有功变化率的第三个过零点。在计算其正交性之前，应当将其进行尺度变换。假设线路 6-9 的首端在 0.1 秒时发生三相接地故障，短路持续时间为 0.2 秒（故障 1）、0.3 秒（故障 2）。

利用基于 MATLAB 的 Power System Toolbox（PST）软件，计算两种故障下的系统功角稳定性。图 7-5、图 7-6 给出了两种短路情况下各个发电机功角偏离惯性中心的情况。从图中可以看出，故障 1 切除后的系统是稳定的，故障 2 切除后的系统是不稳定的。

根据 7.3 节中描述的算法，求取 $(dQ/dt)^*$ 与 $\cos t$ 的 ASAM 最小值，得出在失步振荡、同步振荡和正常运行情况下 ASAM 值的大小如表 7-1 所示。根据前文所述取 $V_{set}=1$，则从表中可以看出，线路 6-9 的 ASAM 值虽然最小，但是并不是失步中心，这是因为故障被切除后，线路中穿越功率恒为 0，此时 $dQ/dt\equiv 0$，程序在第二步返回。线路 7-8 的 ASAM 的值也满足条件，则可以得出系统的失步中心在线路 7-8 上。在同振荡中，则没有满足条件的线路；在正常情况下，虽然都满足条件，但是 $dQ/dt\equiv 0$，程序在第二步返回。

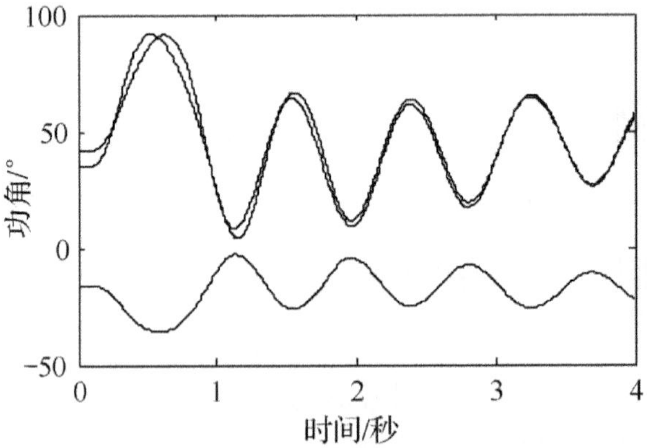

图 7-5　故障 1 时的功角轨迹图

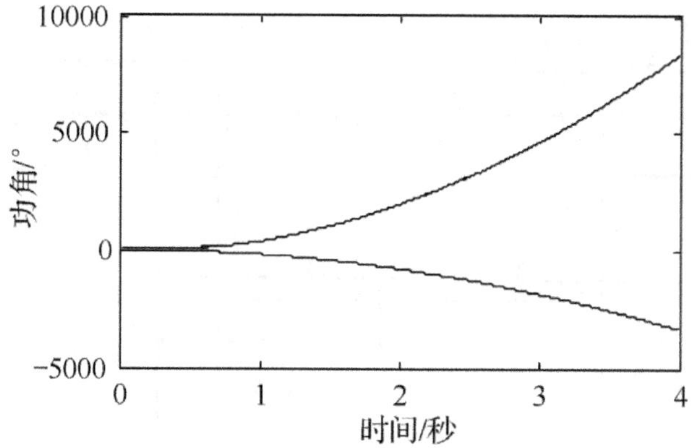

图 7-6 故障 2 时的功角轨迹图

表 7-1 失步振荡、同步振荡和正常情况下的 ASAM

线路号	失步振荡	同步振荡	正常情况
1-4	3.3	6.5	0
4-5	11.4	13.1	0
5-7	20.9	17.3	0
4-6	3.0	5.8	0
6-9	0	0	0
7-8	0.1	13.6	0
3-9	4.6	10.3	0
8-9	3.7	10.8	0
2-7	4.6	14.9	0

7.5.2 新英格兰系统

新英格兰系统的单线图，如图 7-7 所示，假设线路 26-27 首端发生三相永久性接地故障，故障持续时间为 0.2 秒。

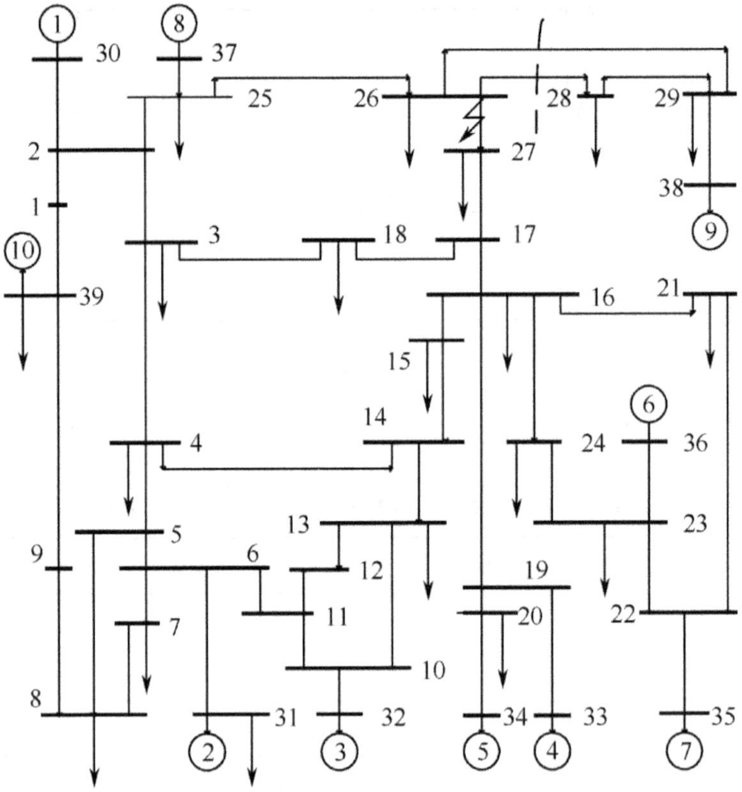

图 7-7　新英格兰系统单线图

通过 PST 仿真计算系统失步过程中所有线路两端的相位差，并判断出失步断面为 26-28、26-29 两条线路，已经在图 7-7 中标出。

利用书中方法首先检测到线路有功功率过零的线路情况共有 5 条，如表 7-2 所示，表中列出了部分线路的周期时间和 ASAM 值，从表中可以看出，失步线路断面为 26-28 和 26-29，与仿真相角差的结果是一致的。

表 7-2　部分线路的周期时间和 ASAM

线 路 号	线　路	周期时间/（秒）	ASAM
42	26-28	0.6-0.94	0.4
43	26-29	0.6-0.95	0.1
44	28-29	0.6-0.95	10.1
45	29-38	0.6-0.95	11.4
46	31-6	0.6-0.95	1.9

下面分析一个特殊算例，假设线路 3-4 首端发生三相永久性接地故障，故障持续时间为 0.3 秒，利用 PST 仿真可知系统失去稳定，根据线路两端的相角差可得出失步断面为线路 1-2 和线路 8-9，而利用书中算法分析得出的失步断面共有 4 条线路，即线路 1-2、1-39、9-39 和 8-9，出现这种情况的原因是由于线路 1-2 和线路 1-39 中的穿越功率是基本相同的，线路 9-39 和线路 8-9 也是基本相同的，这种接线特性决定了书中算法无法确定具体是哪一条线路才是真正的失步断面，文献[6-7]中也存在同样的问题，解决该问题的可行办法之一是，以保持主网完整性为原则，切除远离主网的线路。

7.6　结论

利用 PMU 可以高速高精度地测量电力系统实时运行参数，但是，当电力系统发生大的扰动后，电力系统的各种运行参数发生很大的变化，特别是在失步中心附近的相角测量精度降低，给利用 PMU 判断系统失步带来了困难。针对以上问题，本书提出利用线路的穿越功率来判断系统的失步情况，该方法利用联络线上有功功率连续三次过零点之间为一个周期，如果这个周期内无功变化率与余弦信号正交，则认为此线路为失步断面，其显著优点为保护的整定值与系统运行方式无关，并能有效地分析同步振荡和异步振荡，为广域测量系统下捕捉系统失步断面提供了新的思路。

参考文献

[1] 高鹏，王建全，甘德强，等. 电力系统失步解列综述. 电力系统自动化. 2005，29(29):90-97

[2] 宗洪良，孙光辉，刘志，等. 大型电力系统失步解列装置的协调方案. 电力系统自动化. 2005，27(22):72-76

[3] 刘福锁，方勇杰. 基于广域实测受扰轨迹的失步解列判据. 电力系统自动化. 2008，32(17):22-26

[4] DENYS P, COUNAN C, HOSSENLOPP L, el al. Measurement of voltage phase for the French future defense plan against losses of synchronism. IEEE Trans on Power Delivery, 1992, 7(1):62-69

[5] 杨贵玉，江道灼，邱家驹. 相角测量装置的同步测量精度问题. 电力系统自动化. 2003，27(14):57-62

[6] 高鹏，王建全，周文平，等. 捕捉失步断面的实现方案及其仿真. 电力系统自动化. 2005，19(25):38-42

[7] 高鹏，王建全，周文平，等. 基于无功功率捕捉失步解列断面的理论研究. 电力系统自动化. 2005，29(5):15-21

[8] Xiangning Lin, Yan Gao, Pei Liu. A novel scheme to identify symmetrical faults occurring during power swings. IEEE Transaction on Power System, 2008: 23(1):73-79

[9] 艾伦·V.奥本海姆，艾伦·S.威尔斯基，S.哈米得·纳瓦卜. 信号与系统（第 2 版）（英文版）. 北京：电子工业出版社，2002.8

第8章　利用合理弃风提高大规模风电消纳能力

8.0　引言

日本核电站事故将影响全世界核电发展的进程，迫使人们努力寻求清洁能源的其他替代方案。风电具有安全、清洁、充裕等特点，将成为未来人们利用清洁能源最主要的方式之一。然而，由于风电出力具有间歇性、随机性和反调峰性，大规模风电接入电网使得现有运行中的火电机组被迫大幅参与系统调峰调频工作，造成电网调度的难度和系统运行成本的增加[1-6]。

针对大规模风电并网存在的问题，现有文献从各方面提出了不同解决方法，主要包括：

① 提高风力发电系统短期功率预报精度[7]，尽可能减少由于风电接入对系统调峰容量增量的需求；

② 完善风机并网技术标准，引导产业开发适应电网要求的装备，使风机具有低电压穿越、有功无功控制等技术[8]；

③ 利用可中断负荷等用户激励响应，减少负荷需求，变相增加系统调峰容量[9-10]；

④ 在更广域的范围内配置风电，增强系统调节能力[11]；

⑤ 加快储能等新兴能源技术的发展[12]。

尽管国家从各个层面加强了风机并网技术管理，但是根据国家电监会于 2011 年 2 月发布的《风电、光伏发电情况监管报告》报告显示，我国近 1/4 的风电设备处于空转状态，风电产能浪费的主要原因除了大规模电网基建工程滞后外，还有就是过去缺乏经验，对风电性能认识不够，对电网安全运行带来的危害认识不足。日前，在吉林召开的国家电网风电工作座谈会上提出国家电网拟全面实施风电上网的严格准入，提出风电场要具备功率控制、功率预测、低电压穿越、监控通信等功能要求，而国家能源局也公开表达了对合理弃风的肯定。

事实上，允许放弃一定的边际电量，降低电网的总体调峰需求和成本，避免电力系统为保障电网安全而增加昂贵的调峰边际成本，与国家提出的鼓励可再生资源发电并网的保障政策是相辅相成的，也就是说在强制要求电网公司收购可再生能源电力的同时，也应该满足这种要求服从电网的安全经济稳定运行。以酒泉基地为例，机组容量为 1000 万千瓦，外送工程如果用 1000 万千瓦容量来配套，运行 670 万千瓦以下的时间占了 95%，超过 970 万千瓦负荷的发电量仅为 1%，也就是说，其中有三分之一电网投资只获得 1%的电量。书中针对上述问题，拟从风电功率概率分布和负荷功率分布情况，利用 weibull 分布拟合等效负荷曲线，分析弃风功率对系统调峰容量和风电发电容量的影响，研究在现有电源结构的情况下，论证合理弃风的必要性和可行性，为电网的规划建设提供理论决策支持。最后以甘肃和陕甘青宁电网为例，对书中算法进行验证。

8.1 风电功率和负荷功率

8.1.1 风电功率和负荷功率分布情况

风电具有间歇性和随机性的特点，目前还无法像其他常规电源那样对其出力进行安排和控制。大规模风电并网运行将增加系统中不可控的发电出力，并对电力系统维持供需平衡的能力产生影响。适应风电接入后对系统维持供需平衡能力的影响，是电网接纳风电能力的最重要条件。在不考虑联络线参与调峰的前提下，区域电网内可接纳的风电功率很大程度受限于其他电源出力的调整能力，即调峰能力。当系统负荷处于最小值时，风电功率输出可能达到最大，其他电源则要调整出力，让出负荷由风电供电。但受常规火电微增特性的制约，降低出力运行或关停将提高其发电成本。如果能在电网负荷低谷时段适度弃风，不仅能够减少常规火电降出力运行的压力，也能够提高电网接纳风电并网能力，从而提高整个电力系统运行的安全性和经济性。

电网的调峰特性与电网负荷及风电机组的出力特性密切相关，其调峰能力为常规装机容量减去负荷功率，再加上风电出力功率。图 8-1 为甘肃在夏季连续 6 日的风电场出力曲线、负荷曲线与等效负荷曲线。对于负荷曲线而言，其负荷特性具有明显的规律性，每日午夜负荷水平最低，中午时达到次高峰，在晚上八点左右则达到最高峰；对于风电功率而言，同一区域的夏季常常具有近似的分布情况；从等效负荷中可以看出，风电的投入增大了系统峰谷差，此峰谷差中包含了负荷和风电之间的统计关系，如果对其进行建模，则可以分析出弃风容量对等效负荷概率分布以及备用容量概率分布情况的影响，为系统利用合理弃风，提高大规模风电消纳能力提供理论依据。

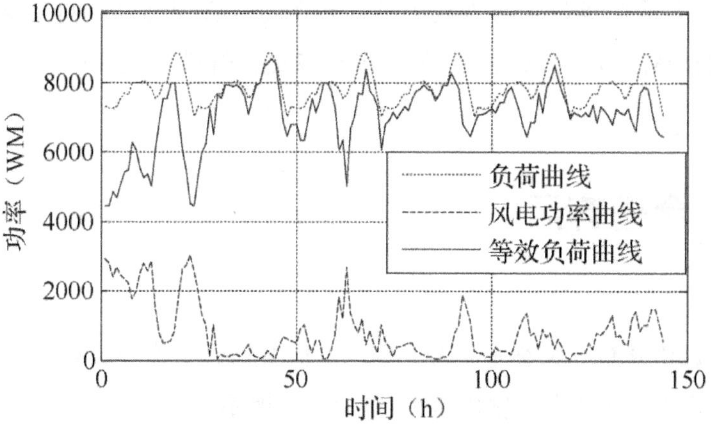

图 8-1　甘肃夏季风电场出力曲线与负荷曲线

8.1.2　风电功率与负荷功率分布场景枚举

电网安排调峰的主要依据是系统的峰谷差；弃风的情况主要是发生在负荷为低谷的时候，为了有效分析系统的合理弃风对系统峰谷差和风机发电容量的影响，首先利用场景分析法分析下列 4 种极端情况。

① 负荷出力小，风机出力小；

② 负荷出力小，风机出力大；

③ 负荷出力大，风机出力小；

④ 负荷出力大，风机出力大。

情况①和②属于正调峰，有利于系统的运行，此处不再分析；情况

②和③属于反调峰，将恶化系统运行。从图 8-1 中可以看出，等效负荷较小的情况，往往在负荷较小并且风机出力较大时，因此，风机对系统反调峰基本上是在等效负荷为较小时，若在此时合理弃风，将显著影响系统调峰的峰谷差，可以以少量的弃风换取更大规模风电的接入。

8.2 合理弃风

Weibull 分布，又称韦伯分布[6]，由瑞典物理学家 Wallodi Weibull 于 1939 年引进。其功率密度函数如式（8-1）所示。

$$y = f(x;a,b) = \begin{cases} ba^{-b}x^{b-1}e^{-(x/a)^b} & x \geqslant 0 \\ 0 & x < 0 \end{cases} \tag{8-1}$$

研究人员将 weibull 分布用于描述风速统计的概率密度函数。本书将其应用于对等效负荷的分析，图 8-2 为利用该分布检验等效负荷的结果，从图中可以看出，负荷的等效曲线符合 weibull 分布，可利用 weibull 概率密度函数对等效负荷进行分析。

图 8-3 为甘肃夏季的等效负荷密度函数，从图中可以看出，如果对系统中的风电机组进行弃风，则可以减少负荷的峰谷差，但是会造成风电发电容量的损失，从图 8-3 中来看，弃风将会减少等效负荷在低谷时的概率分布。

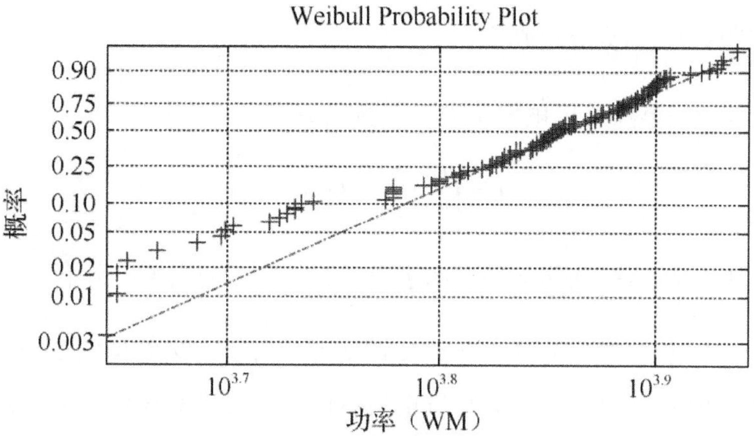

图 8-2 甘肃夏季等效负荷的 weibull 分布检验结果

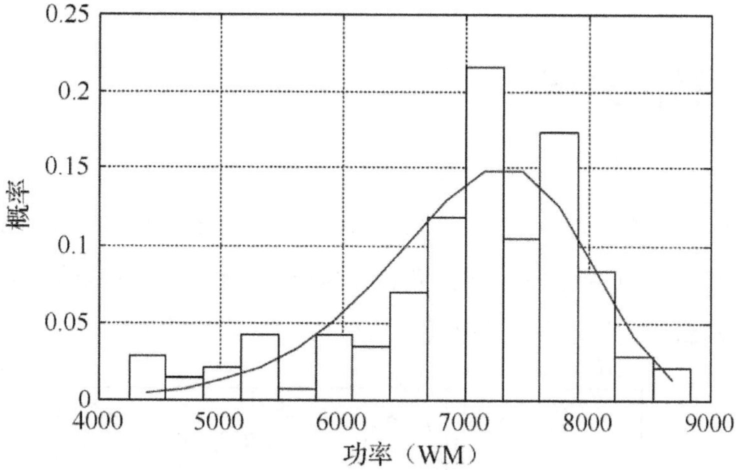

图 8-3 甘肃夏季等效负荷的概率密度函数

为了量化弃风对系统调峰和发电容量的影响，必须对系统调峰和发电容量的影响进行量化，现作出如下定义。

定义 1：弃风对调峰的改善系数为

$$g_w = P_{wcast} / P_{pr} \tag{8-2}$$

式中，P_{wcast}为弃风功率。

定义 2：弃风对风电发电弃风容量的影响为

$$h_i = \int_0^{P_{icast}+P_{nload}} f(x)dx \tag{8-3}$$

式中，$f(x)$为等效负荷的概率密度函数；P_{nload}为系统中最小等效负荷。

通过如上定义，可以在调峰改善系数与风电弃风容量间求得平衡，寻找最佳的弃风功率，为提高风电消纳能力，提高系统经济安全运行提供理论依据。

8.3 算例分析

以甘肃和陕甘青宁两个不同地理尺度上的夏季负荷及风电场功率为例，对书中算法进行验证。甘肃负荷及风电功率情况如图 8-1 所示，陕甘青宁夏季连续 6 天负荷及风电场及负荷功率情况如图 8-4 所示。

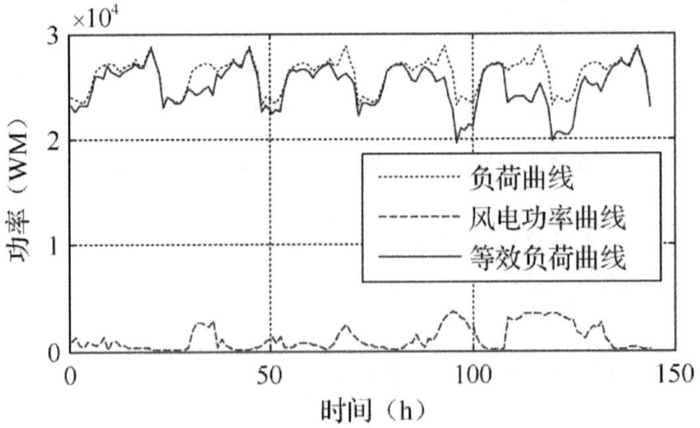

图 8-4　陕甘青宁夏季风电场出力曲线与负荷曲线

首先对图 8-4 的等效负荷进行 weibull 检验，结果如图 8-5 所示，从图中可以看出，其服从 weibull 分布，可以利用书中方法进行分析。利用式（8-1）求出陕甘青宁地区的等效负荷概率分布密度函数，如图 8-6 所示。

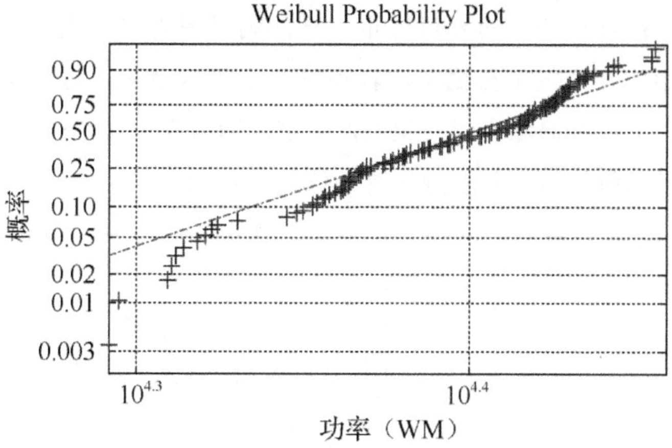

图 8-5 陕甘青宁夏季等效负荷的 weibull 分布检验结果

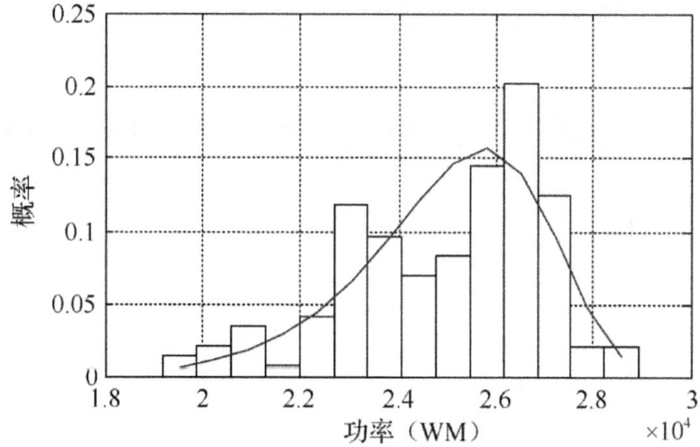

图 8-6 陕甘青宁夏季等效负荷的概率密度函数

接着利用定义 1 和定义 2 来研究弃风功率对弃风容量和改善调峰比例情况进行分析。图 8-7、图 8-8 分别给出了甘肃电网和陕甘青宁夏季电网的弃风功率对弃风容量、改善调峰比例情况之间量化关系，图中实线为弃风容量，虚线则为改善调峰比例。从图中可以看出，弃风对调峰比例系数的改善服从比例分布，随着弃风容量的增加，改善调峰比例也呈正比的增加；弃风功率对弃风容量的增加则呈现先缓后快变化，这是因为刚刚开始的弃风发生在概率比较小的最小等效负荷，对弃风容量的影响不大，小于改善调峰比例增加值，但是，随着弃风功率的进一步增加，弃风容量增加将加速，并超过改善调峰比例系数。

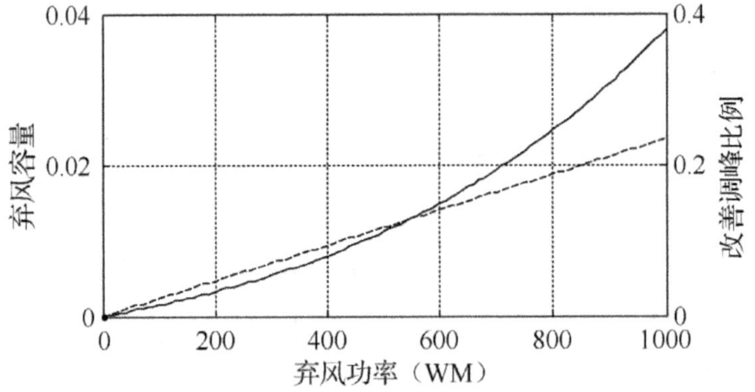

图 8-7　甘肃电网风电弃风功率、弃风容量与改善调峰比例之间的关系

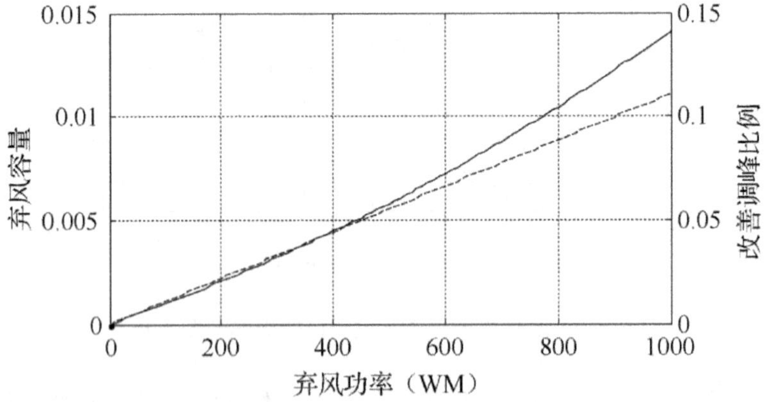

图 8-8　陕甘青宁风电弃风功率、弃风容量与改善调峰比例之间的关系

从图 8-7 中可以看出，甘肃电网的最佳弃风功率应该在 560WM 附近，此时的弃风容量为 1.6%左右，而改善调峰比例却达到 8%左右；从图 8-8 中可以看出，陕甘青宁的最佳弃风功率应该在 300WM 附近，此时的弃风容量为 0.4%左右，改善调峰情况达到 4%左右，分析结果如表 8-1 所示。

表 8-1 最佳弃风功率与弃风容量、改善调峰比例

电 网	甘肃电网	陕甘青宁电网
弃风功率	560	300
弃风容量	1.6%	0.4%
改善调峰比例	8%	4%

陕甘青宁四省中，甘肃的风机装机容量占了很大部分比例，从表 8-1 可以看出，以甘肃风电主要的风能资源如果在更广范围内配置风电，即可以寻求更小的弃风功率，来满足更小的弃风容量和最大程度的改善调峰情况，这与国家要求在省级、区域、国家级范围内建立逐级间歇式能源消纳的框架体系是保持一致的。

8.4 结论

本章研究了在现有电源结构下，从风电反调峰性的角度论证了合理弃风的必要性和可行性，然后，利用 weibull 分布拟合等效负荷曲线并作为分析依据，量化弃风功率对调峰的改善系数和弃风对风电发电容量的影响；最后，以甘肃和陕甘青宁电网为例，对书中方法进行论证，论证结果不但说明了可以通过合理弃风，放弃部分风电发电容量来改善大规模风电接纳能力，而且证明了在更广范围内配置风电是提高大规模风电

接纳能力的方法之一。

参考文献

[1] 郝正航，余贻鑫. 双馈风力发电机组对电力系统稳定性影响[J]. 电力系统保护与控制，2011，39(3):7-11，17

[2] 袁建党，袁铁江，晁勤，等. 电力市场环境下大规模风电并网系统电源规划研究[J]. 电力系统保护与控制，2011，39(5):22-26

[3] John Kabouris, F.D. Kanellos. Impacts of Large-Scale Wind Penetration on Designing and Operation of Electric Power Systems[J]. IEEE Transactions on Sustainable Energy. 2010, 1(2): 107-115

[4] Kaigui Xie, Roy Billinton. Determination of the Optimum Capacity and Type of Wind Turbine Generators in a Power System Considering Reliability and Cost[J]. IEEE Transactions on Energy Conversion. 2011, 26(1):227-235

[5] Le Xie, Juhua Liu, Nipun Popli. Wind Integration in Power Systems: Operational Challenges and Possible Solutions[J]. Proceedings of the IEEE, 2011, 99(1):214-233

[6] 顾为东. 大规模非并网风电系统开发和应用[J]. 电力系统自动化. 2008，32(19):1-5

[7] 王松岩，于继来. 短时风速概率分布的混合威布尔逼近方法[J].

电力系统自动化. 2010，34(6)：89-94

[8] Le Xie, Juhua Liu, Nipun Popli. Wind integration in power systems: operational challenges and possible solutions [J]. Proceedings of the IEEE, 2011, 99(1)：214-233

[9] 王卿然，谢国辉，张粒子. 含风电系统的发用电一体化调度模型[J]. 电力系统自动化，2011，35(5)：15-21

[10] 任博强，彭鸣鸿，蒋传文，等. 计及风电成本的电力系统短期经济调度建模[J]. 电力系统保护与控制，2010，38(14):67-72

[11] 高宗和，滕贤亮，张小白. 适应大规模风电接入的互联电网有功调度与控制方案[J]. 电力系统自动化，2010，34(17)：37-43

[12] 廖怀庆，刘东，黄玉辉，等. 基于大规模储能系统的智能电网兼容性研究[J]. 电力系统自动化. 2010，34(2)：15-20

第 9 章　利用需求响应提高大电网的风电消纳能力

9.0　引言

国家电监会于 2011 年 2 月发布的《风电、光伏发电情况监管报告》[1]报告显示，我国风电发展迅速，但大规模开发风电的地区均比较偏僻，其所在地区一般处于电网末端，电网结构十分薄弱，难以适应大规模风电并网、远距离传输的要求，目前接近四分之一的风电设备处于空转状态，造成了风电产能的巨大浪费，这种浪费的主要原因之一是由于风力发电是一种间歇性能源，风电场的功率输出具有很强的随机性，而且目前的预报水平还不能满足电力系统实际运行的需要，为了保证风电并网后系统运行的可靠性，需要在原来运行方式的基础上，额外安排一定容量的备用，以响应风电场发电功率的随机波动，维持电力系统的功率平衡与稳定，这些将增加电网的运行成本[2]。另外，由于我国电源结构以火电为主，大规模风电并网将面临着发电侧备用资源缺乏的问题，导致系统调峰容量严重不足。

为了解决风电等间歇式电源并网后系统的调峰问题，文献[3]提出通过先进的风电机组技术如低电压穿越、有功无功功率控制等方法，制定风机并网的有关技术标准和配套政策体系，使风电机组能参与调峰；文献[4]提出利用飞轮储能、超导储能等装置来存储过多的风电，并在电网需要支援时及时输出电能来提高风电并网的规模；文献[5]提出通过电动汽车的资源整合来平抑风电的波动性；文献[6]提出利用用电调度为风机并网提供备用资源，通过用电激励、可中断负荷和电价响应等方式，建立含风电系统的发用电一体化调度模型，该方法可在现有基建条件下提高风电并网规模，但是，该文献并没有给出在特定电网条件下，用电响应与系统收益和调峰容量的量化关系，无法为决策人员提供更加翔实的参考。本书拟从负荷需求响应的功能出发，将其分为可中断负荷和用电激励两个部分，定义两者对等效负荷数据的概率密度函数和调峰容量的影响，然后，分别提出收益优化目标函数和调峰容量目标优化函数。最后，以甘肃和陕甘青宁夏季的等效负荷数据，验证书中算法的有效性。

9.1 负荷需求响应

负荷需求响应可视为一种可调度的虚拟发电资源，用户可通过中断合同、电价响应等方式融入发电计划。文献[7]将负荷需求响应分为放弃用电、转移用电和增加用电等三大类，放弃用电是指用户在参与负荷需求项目时进行的中断负荷操作，并且在后续时段不会弥补所削减的负荷量；转移用电是指用户将负荷开启时段从高峰调整掉低谷时段；增加用电是指用户在低电价时段增加用电以消纳过多的发电机出力。通过负荷调度，可以实现负荷的削尖平谷，为便于分析，将负荷需求响应按照其功能分为两类：可中断负荷和用电激励。可中断负荷可以实现负荷高峰时的削尖，用电激励可以实现负荷的平谷。

图 9-1 给出了甘肃在夏季连续 6 日的风电场出力曲线、负荷曲线与等效负荷曲线。从图中可以看出，由于风电出力的反调峰性，在负荷为最高峰的时候，风电出力可能为 0，而当负荷在最低谷的时候，风电出力可

能达到最大，增大了调峰的难度。为了保证风电并网后系统的功率平衡和可靠性，需要利用其他发电资源或者储能装置配合风电的运行，提高了系统的运行成本。我国颁布的《可再生能源法（修正案）》规定，国家实行风电全额保障性收购制度，为了保证全额收购的风电并网后电网的安全性，可采用可中断负荷和用电激励等方法，降低系统的峰值，提高系统的谷值，变相提高系统的调峰容量，但是，可中断负荷与用电激励等会降低系统的收益，因此，需要在调峰容量与系统收益之间寻求最佳结合点。

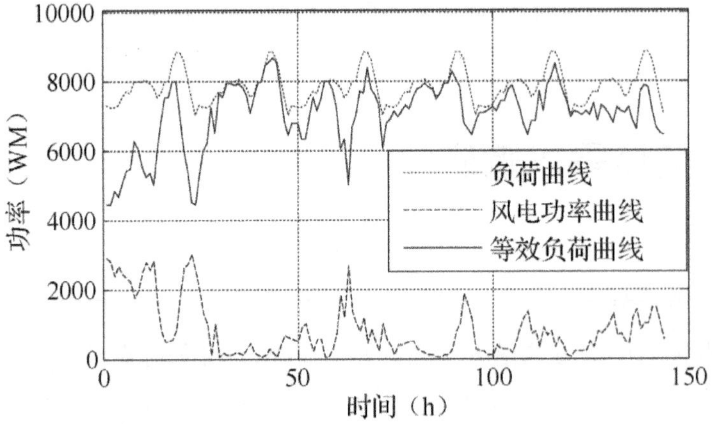

图 9-1　甘肃夏季风电场出力曲线与负荷曲线

9.2　理论分析

为了对一个地区的风能进行评估，首先要确定该地区的风速分布，目前一般采用 weibull 分布函数进行分析，weibull 分布由瑞典物理学家 Wallodi Weibull 于 1939 年引进[8]，其分布函数主要有尺度参数 c 和形状

参数 k 确定，分析方法常采用回归分析、标准差分析和确定置信区间等。风电场的出力特性与风速具有很强的相关性，而风电场的出力特性与负荷相互作用，可以得出一个地区的等效负荷分布情况，因此，一个地区的风速分布可能蕴含在一个地区的等效负荷之中，接下来对上述结论进行验证。

weibull 分布功率密度函数如式（9-1）所示，利用韦伯分布检验甘肃夏季的等效负荷的结果，如图 9-2 所示，从图中可以看出，负荷的等效曲线符合 weibull 分布，因此验证了上述结论的合理性，可利用 weibull 概率密度函数对等效负荷进行分析。图 9-3 为甘肃夏季等效负荷的概率密度函数。

$$y = f(x;a,b) = \begin{cases} ba^{-b}x^{b-1}e^{-(x/a)^b} & x \geq 0 \\ 0 & x < 0 \end{cases} \tag{9-1}$$

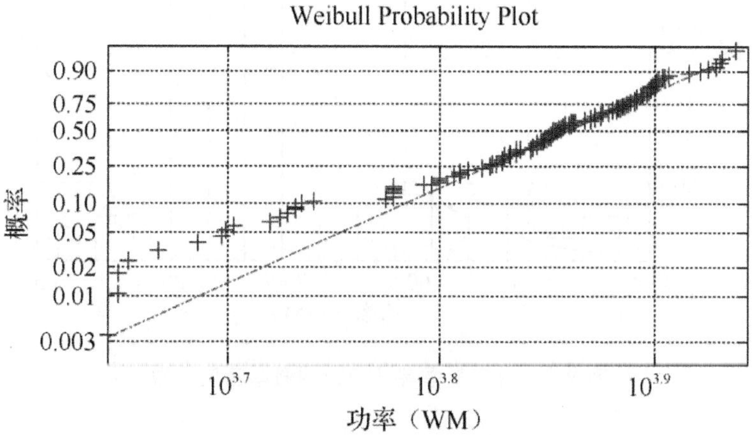

图 9-2 甘肃夏季等效负荷的 weibull 分布检验结果

从图 9-1 和图 9-3 中可以看出，甘肃省等效负荷大部分分布在 6000WM 至 8000WM 之间，等效负荷较小的时候主要在夜间负荷比较小，而风电功率比较大，此时是调峰的最低点，需要大容量火电机组让出负荷或停机，以较低的效率运行，如果能利用用电激励，提高夜间用电负荷，则可以有效减少调峰容量，变相抑制风电的波动；等效负荷较大的时候，常常在负荷较大而风电功率最小时，此时是调峰的最高点，需要系统中有足够的备用容量，以保证系统的安全稳定运行，如果能利用可中断负荷，减少等效负荷高峰时候的负荷，也可有效降低调峰容量，变相抑制风电的波动。通过需求响应中的可中断负荷和用电激励，可有效减少系统的调峰容量，抑制风电的波动，提高系统的安全性，可中断负荷可以减小最大等效负荷值，而用电激励则可以增大最小等效负荷部分，为了便于分析需求响应对系统运行效益和调峰容量的影响，作出如下定义。

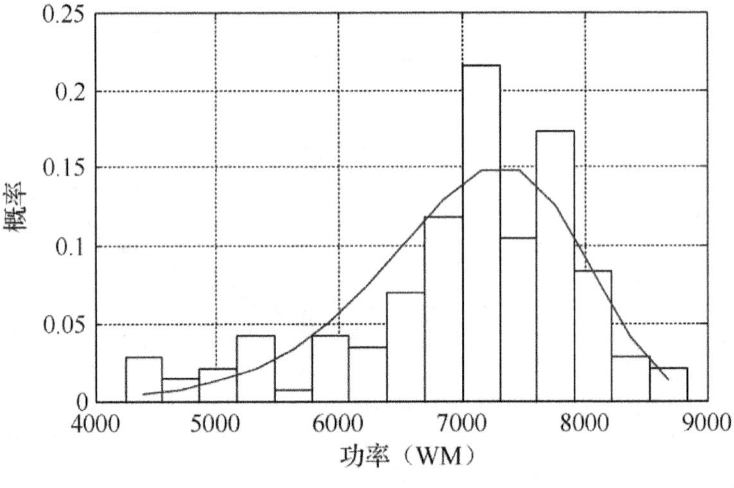

图 9-3　甘肃夏季等效负荷的概率密度函数

定义 1：可中断负荷对等效负荷概率密度函数的影响为

$$h_i = \int_{P_{mload} - P_{iinterrupt}}^{P_{mload}} f(x)dx \tag{9-2}$$

式中，$f(x)$为等效负荷的概率密度函数，P_{mload} 为系统中最大等效负荷，

$P_{interruptt}$为可中断负荷容量。

定义 2：用电激励对等效负荷概率密度函数的影响为

$$h_e = \int_0^{P_{iexciter}+P_{nload}} f(x)dx \tag{9-3}$$

式中，$f(x)$为等效负荷的概率密度函数，P_{nload}为系统中最小等效负荷，$P_{iexciter}$为用电激励容量。

定义 3：需求响应对调峰的影响为

$$P_{improve} = P_{iinterrupt} + P_{iexciter} \tag{9-4}$$

当采用可中断负荷和用电激励之后，会影响等效负荷的概率密度函数，等同于把最高负荷和最低负荷的密度容量转换成正常的密度容量，为了求出系统最佳的优化方案，根据上述定义，列出收益优化目标函数如下。

$$F_1 = \max(P_1 - P_2 h_i - P_3 h_e) \tag{9-5}$$

式中，P_1为等效负荷的价格，P_2为可中断负荷的赔偿价格，P_3为用电激励的优惠价格。

当采用了可中断负荷和用电激励之后，将显著影响系统的调峰容量，故列出系统调峰容量的目标函数为

$$F_2 = \max(P_{iinterrupt} + P_{iexciter}) \tag{9-6}$$

此时利用负荷需求响应提高风电并网能力，减小系统调峰值的问题变成了双目标优化问题，其中第一个优化目标旨在使电网系统的收益达到最大，但是，由于可中断负荷、用电激励响应两种方式用电需求响应，

使该收益减少；另一方面，为了提高系统运行的效率和提高系统抑制风电波动的能力，减少系统的调峰值，需要增大可中断负荷、用电激励的容量。本书研究的优化调度问题包含两个子优化目标，即利用用户响应时的收益问题和对调峰容量影响的问题，接下来介绍多目标优化问题的求解。

9.3 多目标优化问题的求解

求解多目标优化问题的传统思路，是将其转化为单目标优化，经典的方法有目标加权法、距离函数法、最大最小法及模糊优化法等。文献[9-10]中多目标优化方法，利用模糊优化方法进行求解，通过确定一个目标的隶属度函数将多目标优化问题转化为非线性单目标问题求解。

将子目标模糊化处理，定义用户满意度为

$$\mu_k = \begin{cases} 1 & f_k \leqslant f_k^{\min} \\ \dfrac{f_k^{\max} - f_k}{f_k^{\max} - f_k^{\min}} & f_k^{\min} < f_k < f_k^{\max} \\ 0 & f_k > f_k^{\max} \end{cases} \tag{9-7}$$

式中，f_k 为子目标，f_k、$f_k^{\max}$、$f_k^{\min}$ 分别为子目标的适应值、最大值和最小值。

μ 的大小则代表一定的满意程度，如表 9-1 所示。

表 9-1 满意程度的定义

程度	非常满意	很满意	满意	不满意
μ	=1	≥0.7	≥0.4	<0.4

用户给出每个子目标满意度要求 μ_k^*，借助目标加权法的思想，利用 μ_k^* 定义目标关注度为

$$\varepsilon_k = \frac{\mu_k^*}{\sum_{i=1}^{K} \mu_k^*} \tag{9-8}$$

目标关注度能够反映决策者对目标的关注程度，以目标关注度为权值，对目标满意度值进行加权求和，即

$$\delta = \sum_{k=1}^{K} s_k \times \varepsilon_k \times \mu_k \tag{9-9}$$

式中，s_k 为是否满足满意度要求，若满足其值取 1，否则取值为 0。

任何一个子目标没有达到满意度要求，都会造成 δ 值相对大幅减小。另外，由于目标函数值中的两个子目标之间并非相互独立，因此，为了表征子目标之间的协调关系，根据距离函数法定义其欧氏距离为

$$d_1 = \begin{cases} \sqrt{\sum_{k=1}^{K} \left(f_k^{\max} - f_k\right)^2} \\ \sqrt{\sum_{k=1}^{K} \left(f_k - f_k^{\min}\right)^2} \end{cases} \tag{9-10}$$

$$d_2 = \sqrt{\sum_{k=1}^{K} \left(f_k^{\max} - f_k^{\min}\right)^2} \tag{9-11}$$

从而得到协调度为

$$\lambda = {d_1}/{d_2} \tag{9-12}$$

在定义满意度及协调度之后，原优化问题即可转化为

$$F = \max \delta \cdot \lambda \tag{9-13}$$

9.4 算例

以图 9-1 所示的甘肃夏季电网为例，对书中算法进行分析。图 9-4 给出了利用式（9-13）所求解优化问题的结果。

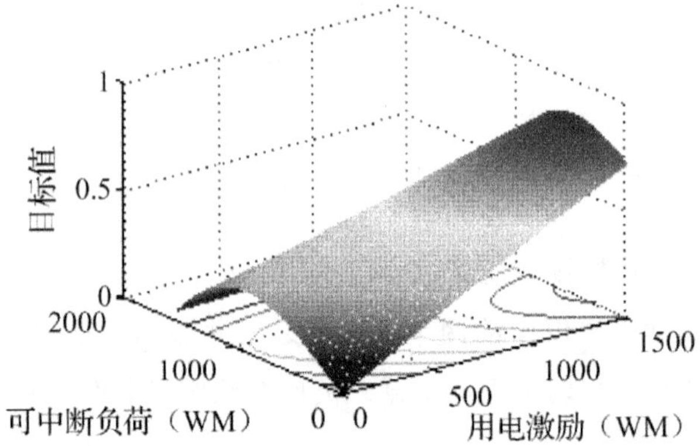

图 9-4 甘肃电网可中断负荷、用电激励与优化目标值的关系

从图 9-4 中可以看出，随着可中断负荷容量的增加，目标函数值也逐步增加，但是当容量增大到 500MW 左右之后，目标函数值却逐步减小，这是因为可中断负荷可以减小系统的峰值时，峰值的概率密度较小，可中断负荷对系统供电容量影响不大，但却能有效减少系统的调峰值，提高系统收益，但是，当可中断负荷进一步增大时，此时影响的等效负荷

的概率密度较大，对系统容量的影响同样也比较大，使得收益目标函数值减小。从用电激励的角度可以看出，随着用电激励容量的增加，系统目标函数值呈逐步增大状态，这是因为，用电激励不但可以减少系统调峰值，而且可以提高系统收益。从图中可以看出，如果定义可中断负荷和用电激励的最大容量均为 1500WM 的话，那么最优的调度方案是可中断负荷为 540WM，用电激励容量为 1500WM。

下面从更广的范围对甘肃的风电情况进行分析。根据国家电监会的统计，陕甘青宁地区的风电主要分布在甘肃省，甘肃全省 2010 年统调范围内的最大负荷为 9000WM 千瓦左右，而 2010 年底酒泉风电基地装机容量达到了 5000WM，远远超过了酒泉及河西地区的用电需求，在甘肃省内难以消纳如此大规模的风电，需要在更广范围内配置风电的消纳能力。接下来利用书中算法研究在陕甘青宁地区配置风电时，需求响应对提高大规模风电并网的影响。

图 9-5 给出了陕甘青宁地区的负荷以及风力发电的分布情况，从图中可以看出此时风电装机容量相对比例明显减少。图 9-6 给出了利用 weibull 分布检验等效负荷的结果，从图中可以看出，其分布也满足 weibull 分布。图 9-7 中给出了等效负荷的 weibull 概率分布情况。

图 9-8 给出了利用书中算法，从可中断负荷和用电激励两个方面出发的优化结果。从图中可以看出，随着可中断负荷增加，目标函数值一直增加，在可中断负荷增大到 1200WM 时，目标函数值达到最大，如果可中断负荷再增大时，目标函数值将减少，这是因为在更广范围内配置风电时，等效负荷的 weibull 分布将发生变化，需要更大程度的可中断负荷才能使系统的效益最大。对于用电激励来讲，随着容量的增加，目标值是一直逐步增大的，这与图 9-4 所示的结果是一致的。如果定义可中断负

荷和用电激励最大值为 2000WM 的话，那么最优的配置方案是可中断负荷定义为 1200WM，用电激励定义为 2000WM。从目标函数值来讲，其大小有了显著增加，表明利用负荷需求响应，在更广范围内配置风电，不但使得系统的收益增加，而且将显著减小系统的调峰值。

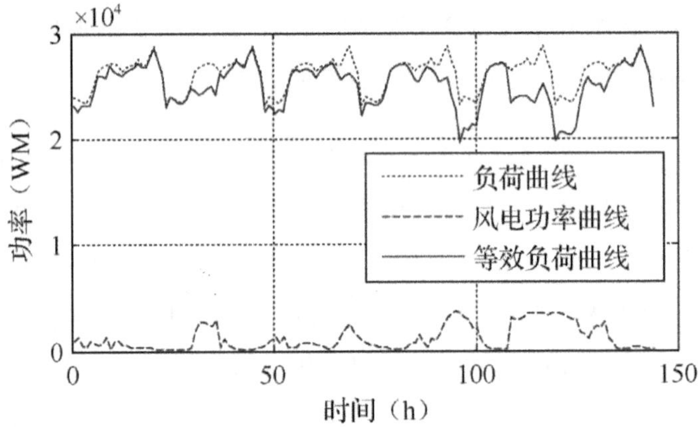

图 9-5　陕甘宁青夏季风电场出力曲线与负荷曲线

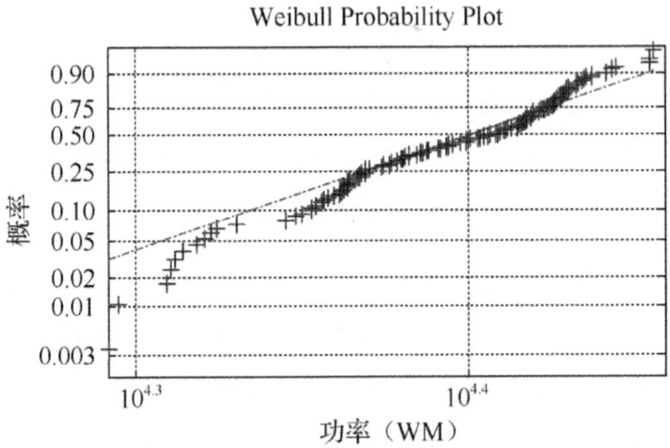

图 9-6　陕甘宁青夏季等效负荷的 weibull 分布检验结果

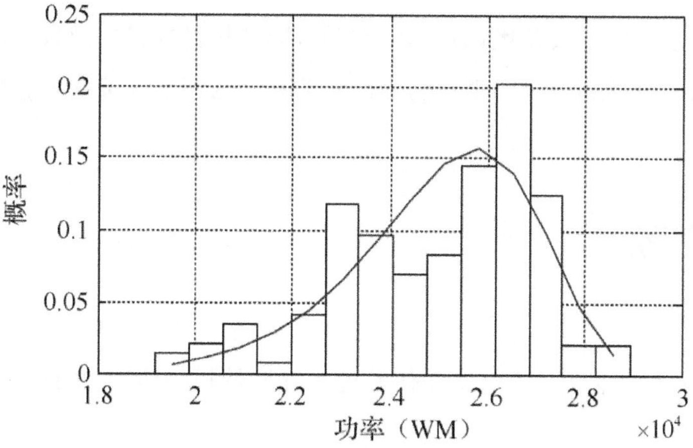

图 9-7　陕甘宁青夏季等效负荷的概率密度函数

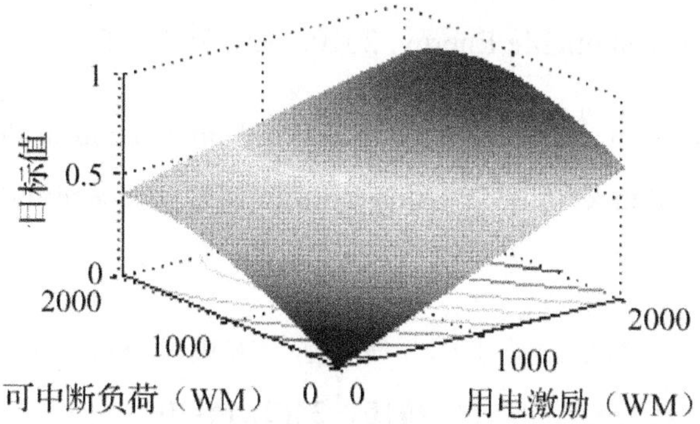

图 9-8　陕甘青宁电网可中断负荷、用电激励与优化目标值的关系

9.5　结论

本章提出了一种基于负荷需求响应提高风电并网规模的多目标优化方法，首先，按照负荷需求响应的功能，将其分为可中断负荷和用电激励两个部分，定义了两者对等效负荷数据的概率密度函数和调峰容量的影响，

然后，分别提出了收益优化目标函数和调峰容量目标优化函数，量化需求响应与系统收益和调峰容量之间的比例关系，为调度决策人员提供依据。

参考文献

[1] 国家电监会. 风电、光伏发电情况监管报告[R]，2011

[2] John Kabouris, F.D. Kanellos. Impacts of Large-Scale Wind Penetration on Designing and Operation of Electric Power Systems[J]. IEEE Transactions on Sustainable Energy. 2010, 1(2): 107-115

[3] Le Xie, Juhua Liu, Nipun Popli. Wind Integration in Power Systems: Operational Challenges and Possible Solutions[J]. Proceedings of the IEEE, 2011, 99(1):214-233

[4] 廖怀庆，刘东，黄玉辉，等. 基于大规模储能系统的智能电网兼容性研究[J]. 电力系统自动化. 2010，34(2):15-20

[5] 赵俊华，文福栓，薛禹胜，等. 计及电动汽车和风电出力不确定性的随机经济调度[J]，电力系统自动化. 2010，34(20):22-33

[6] 王卿然，谢国辉，张粒子. 含风电系统的发用电一体化调度模型[J]. 电力系统自动化，2011，35(5):15-21

[7] 张钦，王锡凡，王建学. 智能电网下需求响应期权分析[J]. 电力系统自动化，2011，35(6):6-19

[8] 王松岩，于继来. 短时风速概率分布的混合威布尔逼近方法[J].

电力系统自动化. 2010，34(6):89-93

[9] 郑晓，张静，马韬韬，等. 基于改进决策方法的电力系统多目标优化调度[J]. 电工技术学报. 2010，25(9):151-157

[10] 陈道君，龚庆武，张茂林，等. 考虑能源环境效益的含风电场多目标优化调度[J]. 中国电机工程学报. 2011，31(13):10-18

第 10 章　计及大容量燃煤机组深度调峰和可中断负荷的风电场优化调度模型

10.0　引言

日本大地震造成福岛核电站核燃料泄漏，使全球出现核恐慌，国际社会对于核电的认识也在发生改变，在安全与绿色之间寻求平衡，风能、太阳能、水能和传统的火电将被重新认识。在过去的一段时间，以风能为代表的可再生能源装机容量保持了迅猛的增长，并可能进一步大规模增长。维基百科全书显示，截至 2011 年 3 月底，我国风电累计装机容量已达到 4.2 千万千瓦，但是落后的电网建设和调度管理，让将近 1/4 的风电设备处于空转状态，风电产能浪费问题日趋严重。其主要原因之一，是由于风能等可再生资源具有间歇性、随机性和反调峰性[1-5]，大规模并网后，需要在原来的运行基础上额外安排一定容量的旋转备用，以响应间歇式电源功率的随机波动，给电力系统安全调度带来负面影响。

为了平抑风电场的间歇性和随机性，很多文献从不同的角度考虑了可再生资源的间歇式发电问题。从技术层面来分析，大致可以分为以下 6 种方式：

① 提高风力发电系统短期功率预报精度[6-7]，尽可能减少由于风电接入对系统调峰容量增量的需求；

② 完善风机并网技术标准，引导产业开发适应电网要求的装备，使风机具有低电压穿越、有功无功控制等技术[8]；

③ 允许放弃一定的边际电量，降低电网的总体调峰需求和成本，避免电力系统为保障电网安全而增加昂贵的调峰边际成本[9]；

④ 利用可中断负荷等用户激励响应，减少负荷需求，变相增加系统调峰容量[10]；

⑤ 在更广域的范围内配置风电，增强系统调节能力[11]；

⑥ 加快储能等新兴能源技术的发展[12-13]。

事实上，抑制风电场间歇性和随机性除了上述方法之外，还可以在现有的电力生产条件下，加大大容量燃煤机组等常规机组的调峰深度，充分挖掘下调备用空间，但平抑风电间歇性除了要满足负荷和功率平衡约束、发电机组的技术约束以及足够的旋转备用外，还应该具有较强的负荷跟踪能力，而大容量燃煤机的负荷跟踪能力较差，因此，拟结合大容量燃煤机和可中断负荷建立风电场调度优化模型。一方面可以充分利用经济手段，加大大容量燃煤机组的深度调峰；另一方面充分利用可中断负荷，快速跟踪风机的出力，缓解系统的调频压力。本章拟针对上述问题，提出计及大容量燃煤机组深度调峰和可中断负荷的风电场调度模型，在现有电网条件和电源结构下提高电网消纳大规模间歇式电源的能力。

10.1 风电厂优化调度的手段

10.1.1 深度调峰

2006年11月，国家电监会对并网发电厂辅助服务的管理明确规定，要求各区域电监机构结合本区域系统特点出台实施细则，将调峰辅助服务分为无偿调峰和有偿调峰，无偿调峰是机组应达到的基本调峰能力，不进行补偿，基本能力之上的为有偿调峰，采用事先确定的补偿方案。我国的燃煤机组具有很高的装机容量比例，如果能在现有补偿框架下，充分利用经济手段，加大大容量燃煤机组的调峰深度，充分挖掘现有下调备用空间，将是平息风电功率波动的最有效方式之一，但是，大容量燃煤机组深度调峰会面临安全性和经济性两个方面的问题。

从安全性来讲，大容量燃煤机组深度调峰将增加设备磨损、疲劳和损伤，降低设备安全性和寿命。标识机组安全性的指标主要包括两个，即寿命损耗和最大降负荷速率；从经济性角度讲，机组能耗特性与负荷量是呈U型关系变化的，过低的负荷量与过高的负荷量都会造成机组经济性能降低，增大发电成本。因此，利用大容量燃煤机组深度调峰平抑风电功率波动应该从两个角度三个方面来考虑，即机组寿命损耗、最大降负荷速率以及机组能耗特性。

10.1.2 可中断负荷

可中断负荷能够根据系统的调度指令，减少负荷需求量。当风力机组出力迅速下降时，切除可中断负荷，能有效缓解系统的调频压力，变相增加系统旋转备用容量。可中断负荷具有响应速度快，经济性高等优点，对于可中断负荷主要根据用电可中断合同进行建模。

风电机组有功出力变化直接与风速变化相关，出力上升速度可通过调节燃煤机组出力、风轮角度等技术手段加以应用，但是如果风停，风电机组出力的下降速度是没有任何手段能够调节，极端情况下，风电机组出力可在数分钟内从满发降到零值，这对电网备用容量的调节速率提出更高要求，通常的火电机组无法胜任。深度调峰与可中断负荷从不同的时间尺度下平抑风电场功率波动，前者可调容量大，但响应速度慢、经济性较差；后者可调容量小，但响应速度快，经济性较好，两者之间互为补充，增大大规模风电的接入能力。需要注意的是，利用大容量燃煤机组深度调峰平抑风电波动时，首先需要深刻了解深度调峰机组的调峰性能，提前做好危险点分析与预控措施，做好事故处理预案并进行演练；然后可利用日负荷曲线和典型风电出力曲线，结合优化结果安排调度方案。

10.2 优化模型

10.2.1 优化目标

从上述分析可知，如果从经济性来考虑调峰问题，那么优化目标可定义为深度调峰费用和可中断负荷费最小化。深度调峰费用需要从机组煤耗特性、单位发电容量补偿费用以及机组寿命损耗三个方面考虑；可中断负荷费用则包含负荷备用费用和实际发生的负荷损失补偿两个内容。通过深度调峰和负荷中断方式可以实现含间歇式电源出力的电力系统功率平衡，但是却会改变电力系统的潮流，使得电力系统网损增大，应将网损最小化作为优化目标之一。因此，可将优化目标定义为

$$F=\min\sum_{t=1}^{T}\left(\sum_{i=1}^{N}f_{it}(P_{it})+\sum_{j=1}^{N}g_{jt}(P_{jt})+C*h(P)\right) \tag{10-1}$$

式中，F 为调峰的总费用，T 为研究周期内的小时数，N 为系统内常规发电机的总数，P_{it} 为第 i 台发电机在时段 t 的输出有功功率，M 为系统内可中断负荷数，P_{jt} 为第 j 个可中断负荷在时段 t 的负荷损失，$h(P)$为当前潮流下系统中的网损，C 为折算为经济指标的系数，f 为该发电机对应的深度调峰费用，g 为该负荷损失的补偿费用。

$$f_i(P_i)=a_iP_i^2+b_iP_i+c_i+dP_{etpi} \tag{10-2}$$

$$g_j(P_i)=eP_j \tag{10-3}$$

式中，a、b、c 分别为运行成本函数的系数；P_{etpi} 为有偿深度调峰容量，其大小为调峰总容量减去无偿调峰容量；d 为深度调峰时的经济补偿系数，也包括机组寿命损耗补偿费用；e 为可中断负荷的赔偿系数。

10.2.2 约束条件

约束条件则包括动态约束、静态约束以及不等式约束。动态约束主要为发电机爬坡率约束，即

$$-\alpha_{idown}\leqslant P_{it}-P_{i(t+1)}\leqslant\alpha_{iup} \tag{10-4}$$

静态约束则包括潮流方程约束、发电机出力约束、电压幅值约束、线路潮流约束和可中断负荷量约束，即

$$\sum_{i=1}^{N} P_{it} + \sum_{i=1}^{N_w} P_{it}^{w} - D_t = 0 \tag{10-5}$$

$$P_{i\min} \leqslant P_{it} \leqslant P_{i\max} \tag{10-6}$$

$$Q_{i\min} \leqslant Q_{it} \leqslant Q_{i\max} \tag{10-7}$$

$$V_{i\min} \leqslant V_i \leqslant V_{i\max} \tag{10-8}$$

$$P_{branch\min}^{i} \leqslant P_{branch}^{i} \leqslant P_{branch\max}^{i} \tag{10-9}$$

10.3　模型求解

利用内点法求解优化调度模型，求解非线性规划首先需要构造如下函数。

$$L^{\gamma}(X,Z,\lambda,\mu) = f(X) + \lambda^T G(X) + \mu^T (H(X)+Z) - \gamma \sum_{m=1}^{n_i} \ln(Z_m) \tag{10-10}$$

式中，$f(X)$为目标函数，$G(X)$为等式约束，$H(X)$为不等式约束，λ、μ为对等式和不等式约束的拉格朗日乘子，γ为扰动因子，Z为松弛变量，n_i为不等式维数。

上述方程对各个变量偏微分方程如下。

$$L_X^{\gamma}(X,Z,\lambda,\mu) = f_X + G_X^T \lambda + H_X^T \mu \tag{10-11}$$

$$L_z^{\gamma}(X,Z,\lambda,\mu) = \mu^T - \gamma e^T [Z]^{-1} \tag{10-12}$$

$$L_{\lambda}^{\gamma}(X,Z,\lambda,\mu) = G^T(X) \tag{10-13}$$

$$L_{\mu}^{\gamma}(X,Z,\lambda,\mu)=H^{T}(X)+Z^{T} \tag{10-14}$$

Hessian 矩阵可写为

$$L_{XX}^{\gamma}(X,Z,\lambda,\mu)=f_{XX}+G_{XX}\lambda+H_{XX}(\mu) \tag{10-15}$$

上述拉格朗日最优 KKT 条件为

$$F(X,Z,\lambda,\mu)=0 \tag{10-16}$$

$$Z>0,\quad \mu>0 \tag{10-17}$$

其中

$$F(X,Z,\lambda,\mu)=\begin{pmatrix} L_{X}^{\gamma\ T} \\ [\mu]Z-\gamma e \\ G(X) \\ H(X)+Z \end{pmatrix} \tag{10-18}$$

接下来，利用牛顿-拉夫逊法求解上述方程。

$$[F_{X}\quad F_{Y}\quad F_{\lambda}\quad F_{\mu}]\begin{bmatrix} \Delta X \\ \Delta Z \\ \Delta\lambda \\ \Delta\mu \end{bmatrix}=-F(X,Z,\lambda,\mu) \tag{10-19}$$

通过对上式进行变换，可得

$$\Delta\mu=-\mu+[Z]^{-1}(\gamma e-[\mu]\Delta Z) \tag{10-20}$$

$$\Delta Z=-H(X)-Z-H_{X}\Delta X \tag{10-21}$$

将上式带入式（10-19），得到

$$\begin{bmatrix} M & G_X^T \\ G_X & 0 \end{bmatrix}\begin{bmatrix} \Delta X \\ \Delta\lambda \end{bmatrix}=\begin{bmatrix} -N \\ -G(X) \end{bmatrix} \tag{10-22}$$

式中，$M = L_{XX}^{\gamma} + H_X{}^T[Z]^{-1}[\mu]H_X$，$N = L_X^{\gamma\,T} + H_X{}^T[Z]^{-1}(\gamma e+[\mu]H(X))$。

接下来，通过如下步骤进行求解。

① 利用式（10-22）计算 ΔX 和 $\Delta\lambda$；

② 利用式（10-21）计算 ΔZ；

③ 利用式（10-20）计算 $\Delta\mu$。

在求解的过程中，为了得到严格的可行解，提出使用如下仿射步长。

$$\alpha_p = \min\left(\xi \min_{\Delta z_m<0}\left(-\frac{Z_m}{\Delta Z_m}\right),1\right) \tag{10-23}$$

$$\alpha_d = \min\left(\xi \min_{\Delta\mu_m<0}\left(-\frac{\mu_m}{\Delta\mu_m}\right),1\right) \tag{10-24}$$

变量的更新规则如下。

$$X \leftarrow X + \alpha_p \Delta X \tag{10-25}$$

$$Z \leftarrow Z + \alpha_p \Delta Z \tag{10-26}$$

$$\lambda \leftarrow \lambda + \alpha_d \Delta\lambda \tag{10-27}$$

$$\mu \leftarrow \mu + \alpha_d \Delta\mu \tag{10-28}$$

其中，ξ 为固定比例因子，在此取 0.99995。

10.4 算例

以新英格兰 39 节点测试系统为例，对书中算法进行验证。该系统共包含 10 台发电机，假定第 5 台发电机为风力发电机，系统的发电机相关参数如表 10-1 所示。系统可中断负荷共有 3 个，分别位于母线 3、5 和 21，可中断负荷的费用按 5000$/MWh 补偿。

表 10-1 系统发电机出力参数表

发电机编号	出 力	最 大 值	最 小 值	补 偿 系 数
1	250	1040	0	0.01，5，0.2
2	677	1040	0	0.01，5，0.2
3	650	725	0	0.01，5，0.2
4	632	652	0	0.01，5，0.2
5	508	508	0	-
6	650	687	0	0.01，5，0.2
7	560	580	0	0.01，5，0.2
8	540	564	0	0.01，5，0.2
9	830	865	0	0.01，5，0.2
10	1000	1100	0	0.01，5，0.2

图 10-1 和图 10-2 分别给出了某区域电网负荷预测曲线和典型风机出力曲线，接下来结合该数据和新英格兰 39 节点测试系统对书中算法进行分析。从图中可以看出负荷最小值在凌晨 1 点左右，最大值一般在晚上 8 点左右，而风机出力最大则在凌晨 1 点、中午 12 点及晚上 8 点左右，风

力最小值在晚上 8 点左右。需要特别注意的是，在凌晨 1 点风机出力最大而负荷最小，在晚上 8 点左右风机出力最小而负荷最大，应将这两种情况作为典型情况进行分析。

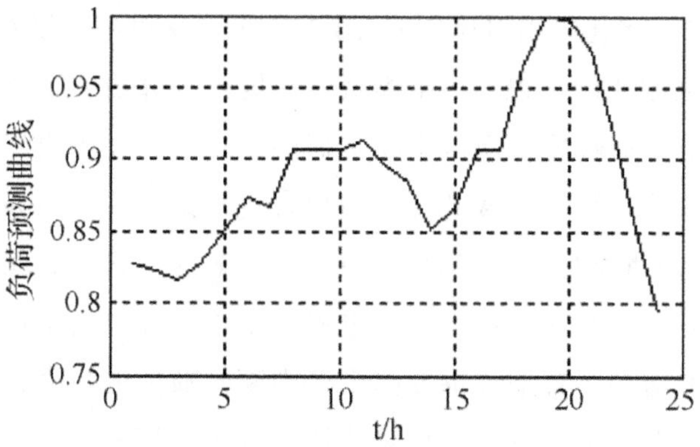

图 10-1 负荷预测曲线

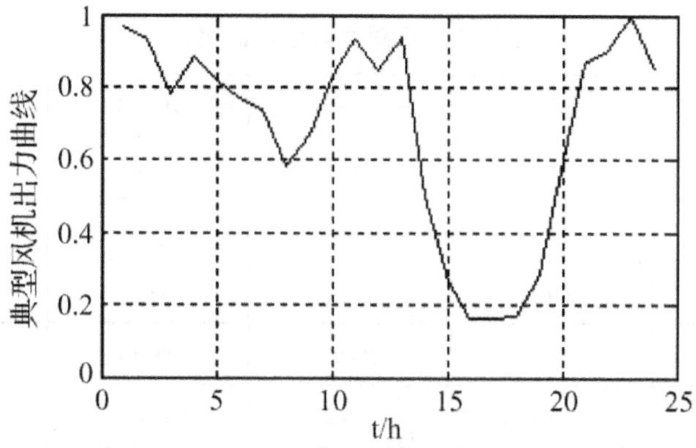

图 10-2 典型风机出力曲线

为了证明书中算法的有效性，利用场景分析法分析以下 4 种典型场景。

① 风机出力最大而负荷最小，可中断负荷不参与调峰。

② 风机出力最小而负荷最大，可中断负荷不参与调峰。

③ 风机出力最大而负荷最小，可中断负荷参与调峰。

④ 风机出力最小而负荷最大，可中断负荷参与调峰。

4 种场景下优化结果对比如表 10-2 所示，从表中可以看出，场景 1 与场景 3 的数据相同，说明可中断负荷在场景 3 下并没有作用，其原因是，此时系统负荷较轻，而可中断负荷的赔付高于发电机深度调峰所需要的费用；场景 2 与场景 4 相比，可以发现场景 4 下，其发电的平均费用下降了 1.03$/MWh，这是因为，此时负荷较重，风力机组由于无风，几乎没有发电，所有的负荷均有煤电机组承担，煤电机组由于投油强而导致发电成本增加，其增加幅度高于可中断负荷的赔付金额，尽管此时火电机组仍然有备用容量，优化算法还是选用了切断可中断负荷进行优化，使得总发电成本降低。

表 10-2　不同发电场景的比较

	场景 1	场景 2	场景 3	场景 4
总发电容量	7749	7168	7749	7168
实际发电量	3312	6189	3312	6028
负荷	3367	6139	3367	6011
总费用	23214	76497	23214	68723
平均费用	6.89	12.46	6.89	11.43

利用内点法对目前发电计划进行优化算法如下，首先利用风机出力及负荷预测曲线计算 1 点钟的优化调度结果，然后利用该结果和机组的爬坡率，确定机组下一个小时的发电容量上限和下限，最后逐步求出所有时刻的计及深度调峰和可中断负荷的优化调度模型。书中求出 24 小时优化调度总费用如表 10-3 所示，从表中可以看出，当计及深度调峰和可中断负荷优化时，每天可节省费用 59338$。

表 10-3 可中断负荷参与、不参与调峰时的总费用

可中断负荷是否参与调峰	总 费 用
否	1200231
是	1140893

10.5 总结

本章从含大规模风电场电网经济运行角度出发，提出了一种计及大容量燃煤机组深度调峰和可中断负荷的优化调度模型，以新英格兰测试系统为例，设计多个算例场景，分析了不同场景下的优化结果。当计及深度调峰和可中断负荷时，每天可节省费 59338$，经济效益显著，具有很好的实际应用价值。

参考文献

[1] John Kabouris, F. D. Kanellos. Impacts of Large-Scale Wind Penetration on Designing and Operation of Electric Power Systems[J]. IEEE Transactions on Sustainable Energy. 2010, 1(2): 107-115

[2] 韩自奋，陈启卷. 考虑约束的风电调度模式[J]. 电力系统自动化，2010，34(2):89-93

[3] Ruey-Hsun, Liang, Jian-hao Liao. A Fuzzy Optimization Approach

for Generation Scheduling With Wind and Solar Energy Systems[J]. IEEE Transactions on Power System, 2007, 22(4):1665-1675

[4] Kaigui Xie, Roy Billinton. Determination of the Optimum Capacity and Type of Wind Turbine Generators in a Power System Considering Reliability and Cost[J]. IEEE Transactions on Energy Conversion, 2011, 26(1):227-235

[5] J. Skea, D. Anderson, T. Green, et al. Intermittent renewable generation and the cost of maintaining power system reliability[J]. IET Gener. Transm. Distrib., 2008, 2(1):82-89

[6] 王松岩，于继来. 短时风速概率分布的混合威布尔逼近方法[J]. 电力系统自动化. 2010，34(6):89-94

[7] 袁铁江，晁勤，李义岩，等. 大规模风电并网电力系统经济调度中风电场出力的短期预测模型[J]. 中国电机工程学报，2010，30(13):23-28

[8]]Le Xie, Juhua Liu, Nipun Popli. Wind Integration in Power Systems: Operational Challenges and Possible Solutions[J]. Proceedings of the IEEE, 2011, 99(1):214-233

[9] 张伯明，吴文传，郑太一. 消纳大规模风电的多时间尺度协调的有功调度系统设计[J]. 电力系统自动化，2011，35(1):1-6

[10] 王卿然，谢国辉，张粒子. 含风电系统的发用电一体化调度模型[J]. 电力系统自动化，2011，35(5):15-21

[11] 高宗和，滕贤亮，张小白. 适应大规模风电接入的互联电网有功调度与控制方案[J]. 电力系统自动化，2010，34(17):37-43

[12] 廖怀庆，刘东，黄玉辉，等. 基于大规模储能系统的智能电网兼容性研究[J]. 电力系统自动化. 2010，34(2):15-20

[13] 丁明，徐宁舟，毕锐. 用于平抑可再生能源功率波动的储能电站建模及评价[J]. 电力系统自动化，2011，35(2):66-73

第 11 章　基于非线性方法抑制特高压联络线功率波动的控制策略仿真

11.0　引言

晋东南-南阳-荆门特高压交流示范工程的顺利验收，标志我国进入了特高压大电网的新时代，这对推动电力发展方式的转变，促进电力就地平衡转为全国资源统筹平衡将发挥重大作用。特高压电网的建设使得全国电网一盘棋，强化了区域电网之间的电气联系，大区域之间的电气耦合更紧密，一旦发生故障，会导致特高压联络线功率在计划值的基础上产生大范围波动，由于特高压的特点，其波及范围更大，传播方式也更加多样化，严重危及特高压一次设备和互联电网的安全稳定运行[1-2]。

自动发电控制室控制联络线功率的有效工具。文献[3-4]结合特高压交流试验示范工程给出了一套适应特高压联络线功率控制的 AGC（自动发电控制）控制策略，该控制策略以各省级电网有功功率的有功平衡为基础，实现互联各电网、省调控制区在紧急情况下的相互支援，并给出了 AGC 性能评价指标，该控制策略的不足在于没有考虑到省网之间协调。文献[5]针对特高压联络线上的功率波动特点，提出根据特高压联络线上的功率偏差大小自动调整网省机组出力，并在省调 AGC 容量不足时网调机组出力协助省调控制区调节区域功率平衡的补偿措施，但是其控制本质上只是对网调机组设置死区，并未有效协调网省之间的 AGC，导致两者调节叠加在一起容易出现过调和特高压功率长时间波动现象，使得该方法在抑制联络线功率波动效果有限。

针对上述不足，在此提出了一种基于非线性 PI 控制的抑制特高压联络线功率波动策略。在设置网调调节死区的基础上，实时结合网调和省调机组的实际出力，计算出 ACE（区域控制误差），作为新的网调调节目标，不断调整比例、积分增益参数，使其随着 ACE 的变化而变化，进一步提高其抑制特高压联络线功率波动的能力。最后以华中电网为例，验证了本书所提出控制策略的有效性。

11.1 现有 AGC 控制策略及其不足

晋东南-南阳-荆门特高压交流示范工程连接了华北和华中两大电网，网调机组为了做好特高压联络线功率控制，采取以特高压联络线功率偏差为主要目标，同时适当考虑对系统频率质量的影响。以华中电网为例[6]，采取了水电厂定联络线功率的 AGC 控制模式跟踪调整特高压联络线的功率偏差，控制目标如下。

$$\Delta P = P_R - P_P \tag{11-1}$$

式中，ΔP 为特高联络线功率偏差，P_R 为特高联络线实际输送功率，P_P 为特高压联络线计划输送功率。

网调 AGC 通过采集到的 P_R 数据计算 ΔP，根据 ΔP 计算出调整量，给调频电厂下发 AGC 指令，从而控制特高压联络线功率波动。

省调部分 AGC 一般采用联络线偏差控制（TBC）模式，控制各自联络线偏差，控制目标如下。

$$P_{ACE} = \Delta P + K\Delta f \quad （11\text{-}2）$$

式中，P_{ACE} 为各控制区域控制误差，ΔP 为省间联络线功率控制偏差；K 为各控制区频率响应系数，Δf 为系统频率偏差。

在进行特高压联络线功率控制时，考虑到我国特有的多级调度模式，即国、网、省 3 级调度都涉及对调频电厂的控制，而且国调和网调的直调电厂在地理上都是分布在各省级电网内，目前采取的方法是将国调和网调的直调电厂排除在省调控制区之外，并把这些电厂的出线称为广义联络线。省调所控制的ACE仅代表本区域有功平衡，在保证有足够的AGC机组容量和调节速度的情况下，始终维持本区域的 ACE 在 0 值附近，避免区内有功扰动波及到特高压区域。但是，当特高压功率波动时，网调机组为抑制特高压联络线功率波动进行调节，此时由于网调机组出力变化，将会导致省调 ACE 出线偏差，省调机组也将进行调节。网调机组与省调机组调节两者叠加在一起，由于缺少协调，很容易出现过调现象和特高压功率长时间波动现象。

11.2 网调机组与省调机组的协调

为了实现网调机组与省调机组的协调，文献[5]提出一种网调机组提前回吐功率的控制方式，即在特高压联络线功率偏差达到门槛值时，逐渐减少网调机组的出力，以减少特高压功率长时间波动。从实验仿真结果来看，在解决功率长时间波动方面取得了显著效果，但是并没有有效解决过调现象。实际上，由于网调机组的调节能力往往优于省调机组，可快速实现特高压联络线功率的平衡，也是网调机组超调的主要原因，如果减小 AGC 的调节增益系数，或者使计算出的 AGC 调节量乘以一调节系数，可有效减少过调现象的发生，但是这种做法的缺点，在于变相减缓网调机组的爬坡速度，失去了网调机组调节能力优于省调机组调节能力的意义。基于上述情况，文献[6]采取了一种“折线”的方式，即当 ACE 偏差绝对值大于某一值时，采用原有控制策略；当 ACE 偏差绝对值小于某一值时，将计算出的 AGC 调节量乘以一调节系数，这种方法虽然有所改进，但是改进仍然有限，该文献也没有给出具体的仿真结果。

另一方面，在实际的特高压系统中，负荷存在不确定性，且电力系统控制具有非线性、时变等特点，可能会使计算出的 ACE 偏差变化已经不适合当前工况。因此，基于前述考虑，本书提出了一种非线性 PI 控制策略。非线性 PI 控制中的增益参数能够随控制误差的变化而变化，响应速度快且无超调现象。本书将其应用于特高压 AGC 控制系统中，更好地解决特高压联络线功率波动时间过长和过调现象。非线性 PI 的主要介绍可参见文献[7]，下面仅对其进行简单的介绍。

一般的系统阶跃响应曲线如图 11-1 所示。

非线性 PI 控制的设计原理如下。

（1）比例增益参数 k_p。在响应时间 $0 \leqslant t \leqslant t_1$，为了保证系统有较快的响应速度，比例增益参数 k_p 在初始阶段应该较大，同时为了减小超调量，希望误差 e 逐渐减小时，比例增益也随之减小；在 $t_1 \leqslant t \leqslant t_2$，为了增大反向控制作用，减小超调，期望 k_p 逐渐增大；在 $t_2 \leqslant t \leqslant t_3$，为了使系统尽快回到稳定点，且不再产生大的惯性，期望 k_p 逐渐减小；在 $t_3 \leqslant t \leqslant t_4$ 期望 k_p 逐渐增大，作用与 $t_1 \leqslant t \leqslant t_2$ 相同。

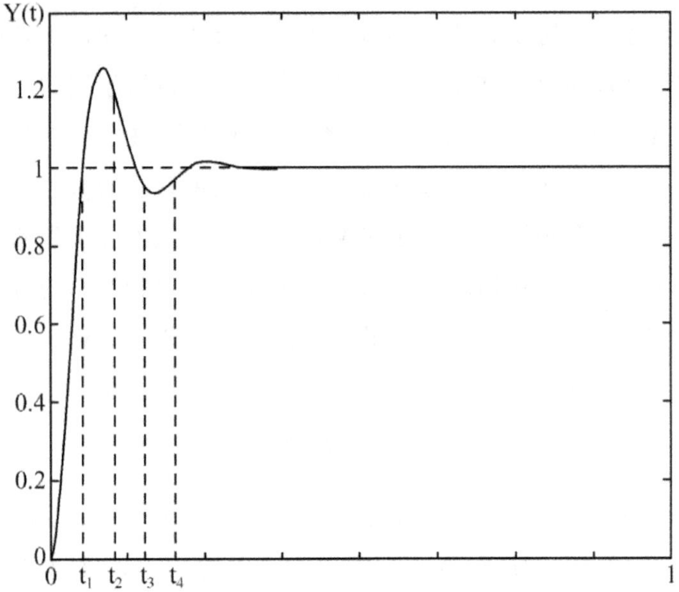

图 11-1　一般系统的阶跃响应曲线

按照上述变化规律，k_p 随误差 e 变化的大致形状如图 11-2 所示，根据该图可构造如下非线性函数。

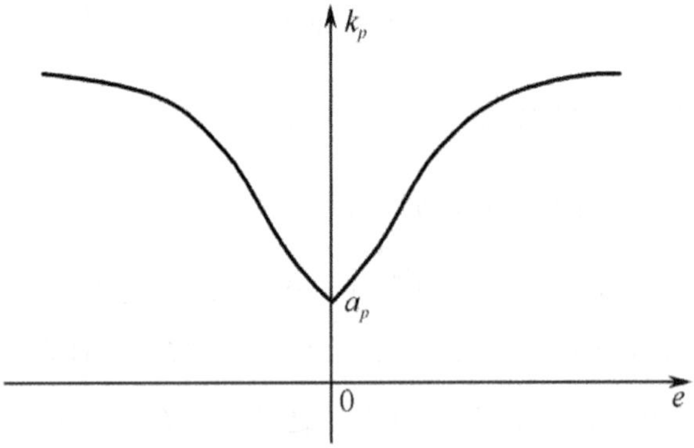

图 11-2　k_p 变化曲线

$$k_p(e(t)) = a_p + b_p(1 - \mathrm{sech}(c_p e(t))) \tag{11-3}$$

式中，a_p、b_p、c_p为正实常数。当误差$e \to \pm\infty$时，k_p取最大值$a_p + b_p$；当$e_p = 0$时，k_p取最小值为a_p；b_p为k_p的变化区间，调整c_p的大小可以调整k_p的变化速率。

（2）积分增益参数k_i。当误差信号较大时，希望积分增益不要太大，以防止响应产生振荡，有利于减小超调量；当误差较小时，希望积分增益增大，以消除系统的稳态误差。

按照上述积分增益的希望变化规律，积分增益参数k_i的变化形状如图 11-3 所示，其非线性函数可表示为

$$k_i(e(t)) = a_i \operatorname{sec}h(c_i e(t)) \tag{11-4}$$

式中，k_i的取值区间为$[0, a_i]$，当$e = 0$时，k_i取最大值，c_i的取值决定了k_i的变化快慢程度。

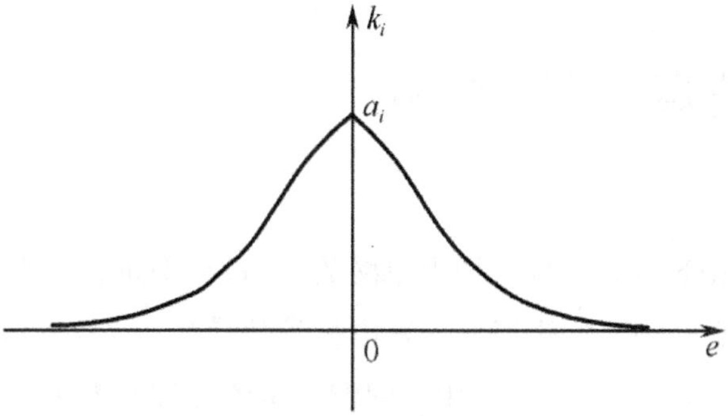

图 11-3　k_i变化曲线

综上所述，非线性 PI 控制输入为

$$u(t) = k_p(e(t))e(t) + k_i(e(t))\int_0^t e(t)dt \tag{11-5}$$

将非线性 PI 控制引入特高压 AGC 控制系统，式（11-5）中$e(t)$为区域控制误差 ACE。适当选择非线性函数中各项参数，能大大减少特高压

联络线上功率波动时间及过调现象。

综上所述，非线性 PI 控制的算法步骤如下。

Step1：网调 AGC 通过采集到的特高联络线实际输送功率 P_R，根据式（11-1）计算特高压联络线功率偏差 ΔP。

Step2：结合网调和省调机组的实际出力，计算出区域控制误差 ACE。

Step3：由式（11-3）、（11-4）分别计算出随误差变化的比例、积分增益参数 k_p、k_i。

Step4：由式（11-5）计算非线性 PI 控制的输入 $u(t)$。

Step5：满足规定仿真时间则结束计算，不满足则转 Step1。

11.3 仿真算例及分析

利用 Matlab 仿真平台对华中电网的 AGC 模型进行仿真计算，相关仿真平台仍采用文献[5]中的模型，发电机等值模型综合考虑了水电、火电机组的爬坡率等约束条件，其中，网调机组的爬坡率为 $0.2/s$，省调机组爬坡率为 $0.05/s$（标幺值）。

假设在 0 时刻湖北地区发生标幺值为 0.5 的负荷阶跃变化，运用一般控制策略、文献[5]的提前回吐策略和本书提出的非线性 PI 控制策略对本模型进行仿真。

从图 11-4 至图 11-6 中可以看出，在调节开始阶段，特高压联络线上的功率偏差较大，网调机组迅速出力调节，使特高压联络线上的功率偏差逐渐减小。在调节后期，网调机组减少出力，由湖南省调机组继续增加出力调节，直至特高压联络线上的功率恢复平衡。

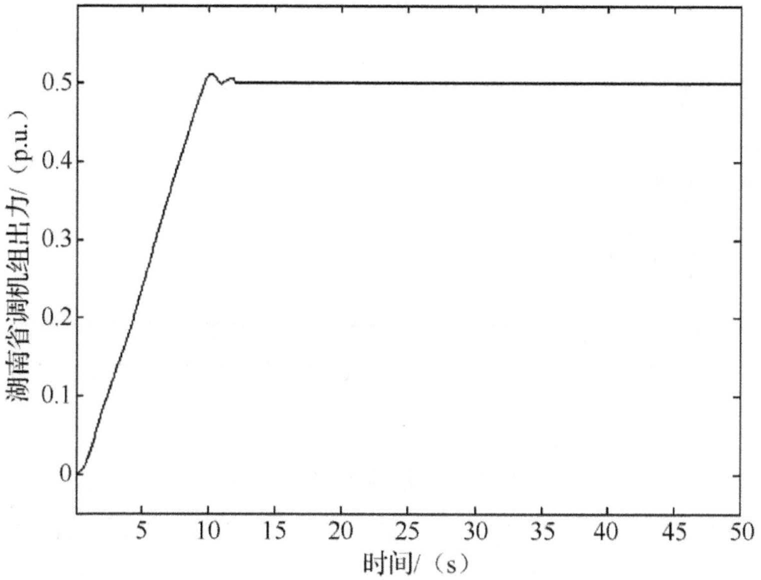

图 11-4　湖北省调机组 AGC 出力曲线

从图 11-5、图 11-6 中可以看出，三种控制方法调节效果差异明显。从图 11-5 中网调机组出力调节曲线可看出，采用本书提出的非线性 PI 控制策略，网调机组出力的波动明显减小，而采用一般的控制策略及提前回吐策略，网调机组出力存在较大的波动，尤其是采用一般控制策略，网调机组出力出现长时间较大幅值的波动。从图 11-6 中特高压联络线上的功率波动曲线可看出，采用一般控制策略，特高压联络线上的功率存在长时间的波动且幅值较大；采用提前回吐策略能够减少功率波动时间及波动幅值，但改进效果不明显；而采用本书提出的非线性 PI 控制策略，特高压联络线上的功率波动时间和波动幅值明显减少，保证了特高压一次设备和互联电网的安全稳定运行。

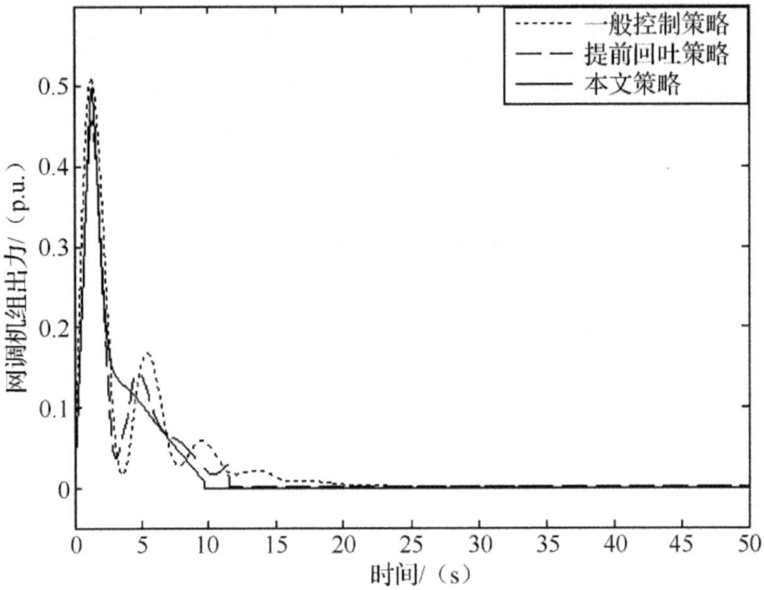

图 11-5　网调机组调节曲线

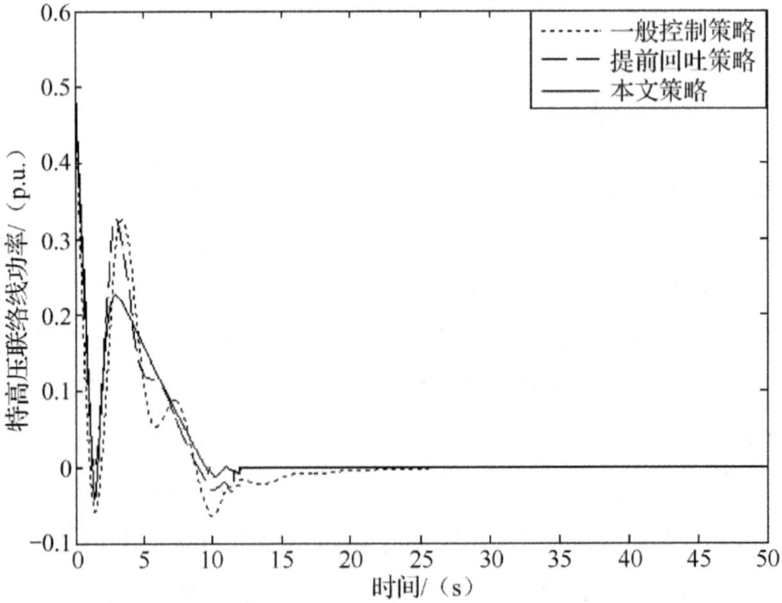

图 11-6　特高压联络线功率波动曲线

11.4 结论

本章对现有的AGC控制策略的不足进行了分析，考虑了网调机组及省调机组之间的协调，提出了一种基于非线性PI控制的抑制特高压联络线功率波动策略。在设置网调调节死区的基础上，结合网调和省调的实际出力，计算出ACE，作为新的网调调节目标，不断调整比例、积分增益参数，使其随着ACE的变化而变化，进一步提高其抑制特高压联络线功率波动的能力。将非线性控制策略、一般控制策略及提前回吐策略应用于华中电网的AGC控制中，对三种控制策略的结果进行了对比。结果表明该控制策略明显优于其他两种，能明显地减少特高压联络线上的功率波动时间和波动幅值，适应于特高压联络线上的功率控制。

参考文献

[1] 罗朝春，涂光瑜，罗毅，吴军. 区域共同市场AGC辅助服务交易探讨. 高电压技术，2005，31(3):77-79

[2] 刘梦欣，徐磊，杨鹏. 特高压交流电网建成后华东电网的安全稳定性分析. 高电压技术，2010，36(1):296-300

[3] 高宗和，陈刚，杨军峰，滕贤亮，姚建国. 特高压互联电网联络线功率控制（一）AGC控制策略. 电力系统自动化，2009，33(15):51-55

[4] 高宗和，陈刚，滕贤亮，张小白，姚建国. 特高压互联电网联络线功率控制（二）AGC 性能评价. 电力系统自动化，2009，33(16):61-64

[5] 江木，吴文传，张伯明，孙宏斌，李晓红. 特高压联网下 AGC 协调控制策略仿真. 电力系统自动化，2010，34(14):75-78

[6] 刘志成，王春明，何毅斌. 1000kV 长治－南阳－荆门特高压联络线功率控制分析. 华中电力，2009，22(2):5-13

[7] 肖永利，张琛. 位置伺服系统的一类非线性 PID 调节器设计.电气自动化，2000，1:20-22

第 12 章　计及风力发电的配电网电压稳定性评估框架

12.0　引言

风电场输出的功率具有随机性和间歇性，削弱了配电网的电压稳定性。目前已有不少文献针对含风电系统的配电网电压稳定性进行了研究，大致可分为三类，一是从风电机组的电压功率特性出发，提出相关的电压稳定分析与控制方法[1,2]；二是从风电机组的低电压穿越特性出发，分析系统电压跌落与系统稳定性的关系[3,4]；三是利用风电机组的预测功率，分析风电场并网后对电网所造成的冲击[5,6]。上述工作都考虑了风电场输出功率的波动性，对含风电系统电压稳定性评估方法做出了详尽的研究，事实上，若对一个含风电系统的配电网的电压安全进行评估，不但需要考虑风电机组的功率输出的间歇性，还要考虑风电机组并网离网对配电网的冲击、配电网的电网架构及配电网的设备等状况。本书结合现有的研究进展，拟从电网电压的稳定性、配电网构架的安全性，以及配电网的设备状态等方面提出含风电系统的配电网电压稳定性评估框架。

12.1 指标的选取

风电场并网时，风电场附近联络线上电流增加的幅度最大，风电场附近的负荷点是否安全稳定，可作为整个电网安全性评估的依据。本书取功率圆内负荷点为研究对象，从以下三个方面对其进行评估，最后提出电网安全性的综合指标。

（1）电网电压的稳定性

风电场的运行都降低了电网的电压稳定性。风机组启动时会产生 5～6 倍额定电流的冲击电流，造成电网电压下跌，对于小容量电网，还会发生电压崩溃。风电机组的停转使得电网失去较大的电压支撑，另外，风机组的端电压在极短时间内降到无穷小，吸收大量的无功，这些都降低了电网电压[7]。风电场并网后，输出功率的波动也会引起电压波动，从而降低电网电压的稳定性。

（2）电网架构的安全性

配电网中装有大量的保护装置和无功补偿装置，风电场并网和离网都给这些线路设备带来很大的电流冲击，加快了设备的老化速度，提高了设备的失效率。两个以上的设备失效，还会造成配电网的连锁停运，甚至导致系统瓦解，大大降低了电网架构的安全性。

（3）用户设备工作的可靠性

随着我国自动化水平的不断提高，用电负荷中含大量对电压波动敏感的自动化装置，如可编程控制器、芯片和计算机等。不同的装置对电压波动的承受能力不同，例如电压低于85%时，某些测试仪的芯片被毁；电压低于60%时，计算机计算工作受到影响[8]。故风电场引起的电压波动大大地降低了用户用电的可靠性。

12.2 电压稳定性

12.2.1 风电场并网时的稳定性评估

利用文献[9]的方法确定每一个风机组的功率圆，其导纳矩阵为 $\boldsymbol{Y}$。仅由风电场供电时，流过功率圆内各负荷节点电流为

$$\boldsymbol{I}=\boldsymbol{Y}\times\boldsymbol{V} \tag{12-1}$$

式中，$\boldsymbol{V}$ 为功率圆内的各节点电压。则风电并网瞬间功率圆内负荷点电压为

$$V_j'=\frac{P_j}{I_j'} \tag{12-2}$$

$$I_j'=I_{lj}+I_j \tag{12-3}$$

式中，I_{lj}、P_j 分别为风电并网前流过功率圆内各负荷节点的电流和有功功率。这里定义电网电压安全系数和取值范围[10]，即

$$S_j=\frac{V_j'}{V_{rj}} \tag{12-4}$$

$$S=\begin{cases}0.16\sim0.5 & \text{很不安全}\\ 0.5\sim0.7 & \text{不安全}\\ 0.7\sim0.8 & \text{有风险}\\ 0.8\sim0.95 & \text{安全}\\ 0.95\sim1.1 & \text{很安全}\end{cases} \tag{12-5}$$

若功率圆内的负荷点电压都在安全范围内，则整个配电网电压稳定。

12.2.2 风电场离网时的稳定性评估

考虑最严重情况，即风电场以最大输出功率 P_r 离网。此时功率圆内负荷点电压为

$$\boldsymbol{V}'=\boldsymbol{V}_{ll}-\boldsymbol{V} \tag{12-6}$$

式中，$\boldsymbol{V}_{ll}$ 为风电场输出最大功率时，功率圆内的负荷点电压，$\boldsymbol{V}$ 为仅由风电场供电时，功率圆的负荷点电压。重复式（12-4）、式（12-5）可判断风电场离网时电网电压的稳定性。

12.2.3 风电场间歇输出时的稳定性评估

图 12-1 为风电场并入网络的简化模型，a、b 为配电网中的负荷节点，G 为风电场。

风电场未向配电网输入功率时，根据潮流解存在性的判断法，节点 b 电压稳定的条件[11]为

$$l=4[(XP_b-RQ_b)^2+(XQ_b+RP_b)V_a^2]/V_a^4<1 \tag{12-7}$$

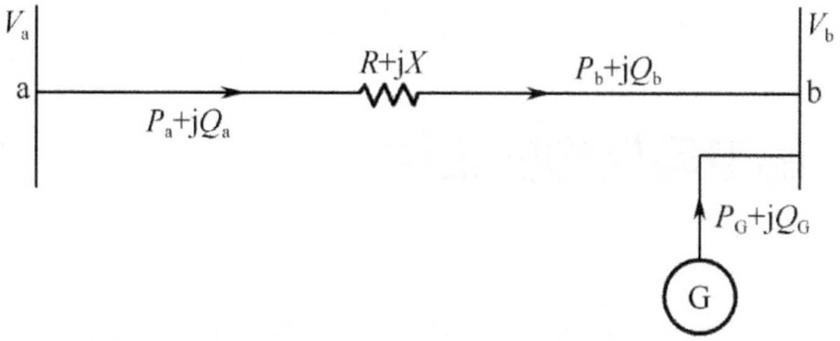

图 12-1 风电场并网的简化模型

风电场并入电网后，配电网中的有功潮流减少，无功潮流增多。则修正电压稳定性判别式为

$$l = 4[(X(P_b - P_G) - R(Q_b + Q_G))^2 + (X(Q_b + Q_G) + R(P_b - P_G))V_a^2]/V_a^4 < 1 \tag{12-8}$$

由式（12-7）减式（12-8），得

$$l = P_G^2 X^2 + aP_G + bP_G Q_G + cQ_G + Q_G^2 R^2 - d \leqslant 0 \tag{12-9}$$

式中，

$$\begin{aligned} a &= -2X^2 P_b + 2XRQ_b - 4V_a^2 R \\ b &= 2XR \\ c &= 2Q_b R^2 - 2XRP_b + 4V_a^2 X \\ d &= V_a^2 \end{aligned} \tag{12-10}$$

P_G和Q_G为仅由风电场供电时，流过功率圆内各负荷节点的功率。系数a、b、c、d为节点b的固有参数，故只需根据风电场为该负荷点提供的功率就可判断该节点的电压稳定情况。

风电场并网离网及并网运行时的电压稳定性的综合评估指标为

$$S = [(\min S_{1j} + \min S_{2j})/2 + \max l_j]/2 \tag{12-11}$$

式中，S_{1j}和S_{2j}分别为风电场并网和离网时功率圆内负荷点的电压安全系数。

12.3 配电网架构安全性

用电网故障发生率描述电网架构的安全性，电网因线路设备损坏而发生故障的概率[12]为

$$\lambda = (1 - f_{\mathrm{pw}})\sum \lambda_i + f_{\mathrm{pw}}\sum \lambda_k \tag{12-12}$$

$$f_{\mathrm{pw}} = \frac{\int_{v_{\mathrm{ci}}}^{v_{\mathrm{co}}} F(v)\mathrm{d}v}{\int_{0}^{\infty} F(v)\mathrm{d}v} \tag{12-13}$$

式中，λ_i 和 λ_k 分别为风电场并网前后设备的故障率，V_{ci}、V_{co} 为风机组的启动风速和切出风速，$F(v)$是风速威布尔数学模型。

12.4 用户设备工作可靠性

定义负荷点 i 的设备工作可靠程度以及取值范围为

$$\alpha_i = \frac{\sum_{j=1}^{n}(U_j - U_{\mathrm{N}})^2}{n} - h \tag{12-14}$$

$$\alpha=\begin{cases}0\sim\infty & \text{设备运行不可靠}\\ -0.2\sim0 & \text{设备运行临界不可靠}\\ -0.5\sim-0.2 & \text{设备运行比较可靠}\\ -\infty\sim-0.5 & \text{设备运行可靠}\end{cases} \tag{12-15}$$

式中，U_j为功率圆内负荷点的电压值；n为评估时间内采集的电压值个数；U_N为该点的额定电压；h为该负荷点设备对电压波动的敏感系数，如果该点的主要电器设备是计算机，则h=0.6。

12.5 配电网综合评估指标

配电网综合评估指标，是从总体上评价风电场对配电网造成负面影响的严重程度，在给出综合评估指标前，定义几个相关指标。

（1）风电场对电网的冲击性

该指标描述风电场并网离网时对配电网电压造成的冲击程度。定义风电场对电网的冲击性为

$$D=d\times\max\left(\frac{V_{1i}'-V_{ri}}{V_{ri}},\frac{V_{2i}'-V_{ri}}{V_{ri}}\right) \tag{12-16}$$

$$d_i=\frac{P_c}{P_{Gi}} \tag{12-17}$$

式中，V_{1i}'、V_{2i}'分别为风电场并入、切出网络时功率圆内各个负荷点的电压，V_r为对应节点的额定电压，d为风电机组i的短路，P_c为系统短路容量，P_{Gi}为风机容量。

（2）电压波动

该指标描述风电场间歇输出时，输出功率波动造成电网电压波动的严重程度。定义风电并网时配电网的电压波动指标为

$$d = \frac{\max(\Delta Q_{\mathrm{G}})}{P_{\mathrm{s}}} \tag{12-18}$$

式中，ΔQ_{G} 为风机组吸收的无功，P_{s} 为系统总的有功功率。根据国家标准，对应不同电压等级的配电网允许电压波动范围如表 12-1 所示。

表 12-1　配电网电压波动允许范围

电压等级	电压波动允许范围
⩾35 kV	$d \leqslant 0.05$
⩾10 kV	$d \leqslant 0.07$

（3）风能渗透率

风能渗透率是指风电场向配电网输入的有功功率占整个电网有功功率的比例，定义为

$$H = \frac{\sum_{t=1}^{N} P_{\mathrm{G}t}}{P_{\mathrm{s}}} \tag{12-19}$$

式中，$P_{\mathrm{G}t}$ 为并入电网的风机组输出的有功功率，N 为风机组的数量，P_{s} 为系统总的有功功率。

定义配电网稳定性评估的综合指标为

$$L = DH[k_1(1-S) + k_2\lambda] + dk_3\alpha \tag{12-20}$$

式中，k_1、k_2、k_3分别为电压稳定性、电网架构稳定性和用户设备工作可靠性的权重，这里设为k_1=0.4，k_2=0.4，k_3=0.2。L越大说明风电场对配电网造成的负面影响越大，一般来说，L>0.2时应该考虑减少风机组的容量或重新规划风电机组的安装位置。

12.6 算例分析

根据前面提出的配电网稳定性评估方法，利用OpenDSS对123Buses，电压等级为4.16kV的配电网进行稳定性评估。该模型中配电网接入了一个风电机组，其参数为P=2000kW、V=4.16kV。配电网的稳定性评估过程如下：

① 搜寻风电场功率圆内范围，若功率圆负荷节点较多，可选取风电场附近的负荷点作为研究对象。

② 风电场并入电网时，根据冲击电流计算功率圆内负荷点电压，根据电压安全系数判断功率圆的电压稳定性，从而推断配电网的电压稳定情况。

③ 风电场间歇输出时，由功率圆内负荷点电压稳定性指标来判断网络的稳定性。

④ 风电场切出网络时，通过负荷节点的电压跌落情况判断配电网电压稳定性。

⑤ 计算其他配电网评估指标，即风电场对配电网的冲击程度D、电压波动d和风能渗透率H。

⑥ 计算配电网稳定性评估综合指标，根据各个指标对接入风电场情况下配电网的安全状况和风电场对配电网的影响程度进行分析。

为简化计算，选取功率圆内风电场附近的 S76a、S76b、S76c、S77b 等 10 个负荷点，对这些负荷点进行数据采集，分别计算电压稳定性以及其他评估指标。其计算结果如表 12-2、表 12-3 所示。表 12-2 显示了电压安全系数和稳定性指标的计算结果；表 12-3 列出了相关电网评估指标的计算结果。

表 12-2　配电网的电压稳定性判断指标

节　　点	功率圆内负荷节点电压稳定性判断		
	功率圆内负荷节点电压安全系数 S		电压稳定性指标 I
	风电场并入电网时	风电场离网时	风电场间歇输出
S76a	0.397 7	0.596	−2.309 4
S76b	0.406 9	0.578	−4.452 0
S76c	0.406 9	0.593	−4.138 4
S77b	0.912 5	1.002	−6.321 7
S87b	0.912 5	1.002	−6.300 4
S88a	0.912 5	1.002	−4.197 9
S95b	0.912 5	1.002	−6.445 3
S98a	0.880 8	1.034	−2.759 3
S99b	0.912 5	1.002	−6.254 1
S100c	0.817	1.027	−4.588 1

表 12-3　配电网相关评估指标

相关指标	D	d	H
计算结果	0.602	0.022	56%

由表 12-2 可知，风电场并入电网时，负荷点 S76a、S76b、S77c 的电压安全系数均小于 0.5，处于很不安全状态。此时功率圆的电压稳定性水平很低，即风电并网时配电网存在很大的电压失稳风险，若此时增加一组风电场并入电网，配电网极有可能发生电压崩溃；风电场离网时，功率圆内的负荷节点 S76a、S76b、S76c 的电压安全系数均低于 0.7，处于不安全状态，此时配电网也存在一定的电压失稳风险；风电场间歇输出时，每一个负荷节点的电压稳定性指标都小于 0，表明了配电网在风电场输入波动功率时不会出现电压失稳现象，能够持续运行。

由表 12-3 可看出，冲击性指标 $D>0.5$，风电场对配电网的冲击程度较大，风电场的并入与切出都有可能破坏配电网的稳定性，该结论与由表 12-2 得到的风电场并网和离网时配电网都存在电压失稳风险结论相吻合；当风电场向配电网间歇输入功率时，电网的电压波动为 0.022，查询表 12-1 可知，此时配电网电压波动在稳定范围内，该结论与由表 12-2 得到的风电场间歇输出时配电网电压稳定结论相吻合。风能渗透率 H 的计算结果大于 50%，表明风电场对整个电网电压具有很大的支撑作用，同时也说明了风电场对配电网造成的冲击是巨大的，该结论分别与由表 12-2、冲击性指标 D 所得的结论一致。

由上述的仿真分析结果可知，该模型中风电场的容量相对配电网而言过大，其启动与切出运行都会对电网造成很大的冲击，影响配电网的稳定可靠性。为了提高配电网的稳定性，应该适当减少风电场的容量。

12.7 结论

风电场具有随机性和间歇性，导致配电网中的功率潮流发生较大波动，使电网安全评估变得复杂，需要从多个方面对配电网进行评估。根据风电场功率圆内的节点稳定情况来评估电网的稳定性，大大减少了计算量。值得指出，风电场给配电网带来谐波污染和电压闪变等问题也不容忽视，应该加以考虑。

参考文献

[1] 余民，杨旻宸，蒋传文，等. 风电并网后电力系统可靠性评估和备用优化研究[J]. 电力系统保护与控制，2012，40(12):100-104

[2] WANG Chengshan, Maliki GUINDO. Three-phase unbalanced radial distribution power flow analysis with wind farms considered[J]. Automation of Electric Power Systems, 2006, 30(16):21-26

[3] 王宾，董新洲，潘贞存，等. 含风电接入配电系统电压跌落传播特性分析[J]. 电力系统自动化，2011，35(10):53-58

[4] 张昭遂，孙元章，李国杰，等. 计及风电功率不确定性的经济调度问题求解方法[J]. 电力系统自动化，2011，35(22):125-130

[5] 何禹清，彭建春，孙芊. 考虑风电能量随机性的配电网可靠性快速评估[J]. 中国电机工程学报，2010，30(13):16-22

[6] 孙若笛，谢开贵. 计及风速-负荷相关性的配电网可靠性评估Monte Carlo[J]. 电力系统保护与控制，2012，40(18):12-18

[7] 程浩忠，吴浩. 电力系统无功与电压稳定性[M]. 北京：中国电力出版社，2004

[8] 北京电力昌平供电公司. 配电网电压波动分析[EB/OL]. [2008-6-18]. 中国电力网

[9] 刘若溪，张建华，吴迪. 基于风险理论的配电网静态安全性评估指标研究[J]. 电力系统保护与控制，2011，39(15):89-95

[10] 刘健，徐精求，董海鹏. 配电网静态安全分析[J]. 电力系统自动化，2003，27(17):26-30

[11] Jasmon G B, Lee L H C C. Stability of load flow techniques for distribution system voltage stability analysis[J]. IEE Proceedings-Generation, Transmission and Distribution, 1991, 138(6):479-484

[12] 齐学雯，谢开贵，胡博. 风速分布预测的指数平滑模型及其在配电网可靠性中的应用[J]. 电力系统保护与控制，2012，40(12): 1-7

第13章　利用内点法优化三相不平衡分布式电网的理论算法

13.0　引言

最优潮流是电力系统运行中一类重要的优化问题，其本质是旨在满足负荷需求和运行约束的前提下，通过调整控制设备的参数以获得一个系统最优的运行状态[1,2]。其目标函数可以是系统总运行成本最小或者总网损最小，目前对三相负载平衡的分布式电网优化方法已经很多，但事实上，在低压配网中存在大量的单相负荷，由于单项负荷分布的不均衡和投入时间的不同，造成三相负载不平衡。这种不平衡性造成了导致线损、配变自身的电能损耗增大，而且会产生零序电流，使继电保护设备导致错误动作，可能还会进一步影响用电设备的安全性。因此，针对三相不平衡分布式电网的潮流优化算法与一般的三相平衡电网也有所不同。

针对上述问题，很多文献也从不同的角度提出了很多解决方法。文献[3]提出了含分布式电源的三相不平衡系统的潮流求解算法；文献[4]提出利用牛顿法求解三相不平衡系统的优化潮流；文献[5,6]将内点法应用于潮流的优化求解；文献[7]提出三相不平衡系统的无功优化潮流算法。本章结合当前研究成果，提出以网损和变压器三相潮流不平衡度最小为目标，以系统潮流、发电机和线路极限容量为约束，以变压器分接头和电容器投切为控制变量，建立了优化函数，利用内点法作为优化算法，以 OpenDSS 为计算平台，最后对书中算法进行了验证。

13.1 OpenDSS 简介

美国电科院（Electric Power Research nstitute，EPRI）的开放式配电系统仿真（Open Distribution System Simulator，OpenDSS）分析平台[8]，建立了配电网模型，它为分布式电网提供了一个非常灵活的研究平台，它很好地弥补了其他分布式系统分析工具的不足，提供了包含风力发电机、储能装置、太阳能发电等新能源以及三相不平衡负荷的建模，整合了分布式电网的快速仿真系统、状态估计、CIM/DCIM 模型等，解决了频域范围内的潮流、谐波以及系统动态行为，而且具有方便的程序开发 COM 接口，可以作为一个计算引擎，在如 MATLAB、VBA 等环境下进行编程，其主结构如图 13-1 所示[9]，包括脚本、COM 接口、主仿真引擎、用户编写 DLL 和脚本结果等 5 个部分。

OpenDSS 在计算之前首先需要对电流部分进行描述，通常包括如下 5 个部分。

① 物理器件描述，如线路、变压器等。

② 电源器件描述，如发电机、负荷等。

③ 控制部分描述，如分接头控制、重合闸等。

④ 测控部分描述，如监测、能量表等。

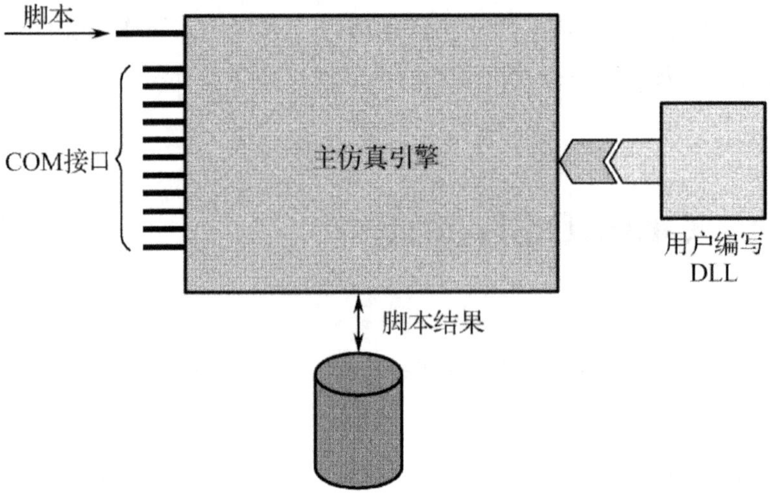

图 13-1 OpenDSS 的主结构

⑤ 通用部分，如线路参数、负荷形状等。

在对上述部分进行描述之后，即可进行潮流计算。

13.2 内点法简介

在此采用内点法求解三相不平衡系统的分布式电网潮流优化问题，目前介绍内点法的文献有很多[10,11]，下面仅作简单介绍。利用内点法求解非线性规划首先需要构造如下函数。

$$L^{\gamma}(X,Z,\lambda,\mu)=f(X)+\lambda^{T}G(X)+\mu^{T}(H(X)+Z)-\gamma\sum_{m=1}^{n_i}\ln(Z_m) \qquad (13\text{-}1)$$

式中，$f(X)$ 为目标函数，$G(X)$ 为等式约束，$H(X)$ 为不等式约束，λ、

μ 为对等式和不等式约束的拉格朗日乘子，γ 为扰动因子，Z 为松弛变量，n_i 为不等式维数。

上述方程对各个变量偏微分方程如下，即

$$L_X^\gamma(X,Z,\lambda,\mu)=f_X+G_X^T\lambda+H_X^T\mu \tag{13-2}$$

$$L_z^\gamma(X,Z,\lambda,\mu)=\mu^T-\gamma e^T[Z]^{-1} \tag{13-3}$$

$$L_\lambda^\gamma(X,Z,\lambda,\mu)=G^T(X) \tag{13-4}$$

$$L_\mu^\gamma(X,Z,\lambda,\mu)=H^T(X)+Z^T \tag{13-5}$$

Hessian 矩阵则可写为

$$L_{XX}^\gamma(X,Z,\lambda,\mu)=f_{XX}+G_{XX}\lambda+H_{XX}(\mu) \tag{13-6}$$

上述拉格朗日最优 KKT 条件为

$$F(X,Z,\lambda,\mu)=0 \tag{13-7}$$

其中，

$$F(X,Z,\lambda,\mu)=\begin{pmatrix} L_X^{\gamma\,T} \\ [\mu]Z-\gamma e \\ G(X) \\ H(X)+Z \end{pmatrix} \tag{13-8}$$

接下来，利用牛顿-拉夫逊法求解上述方程，即

$$[F_X \quad F_Y \quad F_\lambda \quad F_\mu]\begin{bmatrix} \Delta X \\ \Delta Z \\ \Delta\lambda \\ \Delta\mu \end{bmatrix}=-F(X,Z,\lambda,\mu) \tag{13-9}$$

通过对上式进行变换，可得到

$$\Delta\mu = -\mu + [Z]^{-1}(\gamma e - [\mu]\Delta Z) \tag{13-10}$$

$$\Delta Z = -H(X) - Z - H_X \Delta X \tag{13-11}$$

接下来，对上述部分进行求解，在求解的过程中，为了得到严格的可行解，提出使用如下仿射步长，即

$$\alpha_p = \min\left(\xi \min_{\Delta z_m < 0}\left(-\frac{Z_m}{\Delta Z_m}\right), 1\right) \tag{13-12}$$

$$\alpha_d = \min\left(\xi \min_{\Delta \mu_m < 0}\left(-\frac{\mu_m}{\Delta \mu_m}\right), 1\right) \tag{13-13}$$

其中，ξ 为固定比例因子，这里取 0.99995。

13.3 利用内点法实现三相不平衡分布式电网的潮流优化模型

三相不平衡分布式电网的潮流优化模型可以表示为

$$\begin{cases} \min \ f = P_{loss}(Z) + \sum P_{\text{unbalance}} \\ st \ \ g(Z) = 0 \\ Z_{\min} \leqslant Z \leqslant Z_{\max} \end{cases} \tag{13-14}$$

式中，f 为系统的有功网损最小目标函数；g 为系统潮流约束；$Z=[X,U_D]$为系统变量，其中 X 为系统状态变量，如负荷节点电压幅值和发电机注入功率；U_D 为离散控制变量，如变压器分接头，无功补偿装置的投入量等；$Z_{\min}$ 和 $Z_{\max}$ 为系统变量的运行限制约束；$P_{\text{unbalanced}}$ 为变压器不平衡度的

定义，即

$$P_{\text{unbalance}} = \frac{\max(\text{Ia},\text{Ib},\text{Ic}) - \min(\text{Ia},\text{Ib},\text{Ic})}{\min(\text{Ia},\text{Ib},\text{Ic})} \tag{13-15}$$

式中，Ia、Ib 和 Ic 分别为变压器的三相电流。

13.4 仿真分析

13.4.1 参数描述

以 IEEE123 节点为例，介绍算法的有效性。IEEE123 节点的单线图如图 13-2 所示，图中圆圈代表母线，三角形符号为变压器。

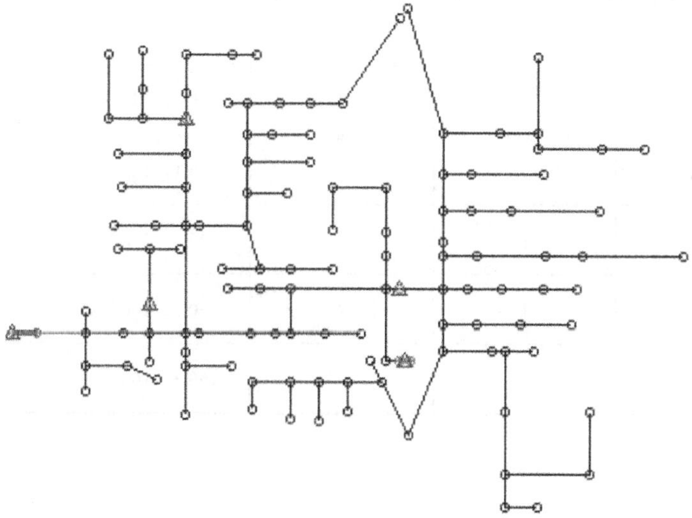

图 13-2　IEEE123 的单线图

定义电容器参数，如表 13-1 所示。

表 13-1 电容器参数

电容器	BUS1	Phases	kVAR	kV
C83	83	3	600	4.16
C88a	88.1	1	50	2.402
C90b	90.2	1	50	2.402
C92c	92.3	1	50	2.402

定义变压器的参数，如表 13-2 所示。

表 13-2 变压器参数

变压器	Phases	Windings	Buses	Conns
reg2a	1	2	9.1，9r.1	wye
reg3a	1	2	25.1，25r.1	wye
reg4a	1	2	160.1，160r.1	wye
reg3c	1	2	25.3，25r.3	wye
reg4b	1	2	160.2，160r.2	wye
creg4c	1	2	160.3，160r.3	wye

13.4.2 控制策略

定义电容器的控制策略如下。

```
CapControl.C83_Ctrl Capacitor=C83 ~element=line.L84 terminal=2 type=kvar
ptratio=1 ~ctratio=1 ONsetting=150 OFFsetting=-225 ~VoltOverride=Y Vmin=7110
Vmax=7740 ~Delay=100 Delayoff=100

CapControl.C88a_Ctrl Capacitor=C88a ~element=line.L87 terminal=2 type=kvar
ptratio=1 ~ctratio=1 ONsetting=150 OFFsetting=-225 ~VoltOverride=Y Vmin=7110
Vmax=7740 ~Delay=101 Delayoff=101

CapControl.C90b_Ctrl Capacitor=C90b ~element=line.L89 terminal=2 type=kvar
ptratio=1 ~ctratio=1 ONsetting=150 OFFsetting=-225 ~VoltOverride=Y Vmin=7110
Vmax=7740 ~Delay=102 Delayoff=102

CapControl.C92c_Ctrl Capacitor=C92c ~element=line.L91 terminal=2 type=kvar
ptratio=1 ~ctratio=1 ONsetting=150 OFFsetting=-225 ~VoltOverride=Y Vmin=7110
Vmax=7740 ~Delay=100 Delayoff=90
```

接下来定义变压器的控制策略如下。

```
RegControl.creg1a.maxtapchange=1 Delay=15

RegControl.creg2a.maxtapchange=1 Delay=30 RegControl.creg3a.maxtapchange=1
Delay= 30 RegControl.creg4a.maxtapchange=1 Delay=30 RegControl.creg3c.maxtapchange=1
Delay= 30 RegControl.creg4b.maxtapchange=1 Delay=30 RegControl.creg4c.
maxtapchange=1 Delay=30
```

在定义了电容器与变压器分接头的参数之后，接下来即可利用内点法对三相不平衡的分布式电网进行优化，优化后的结果，如图 13-3 所示。

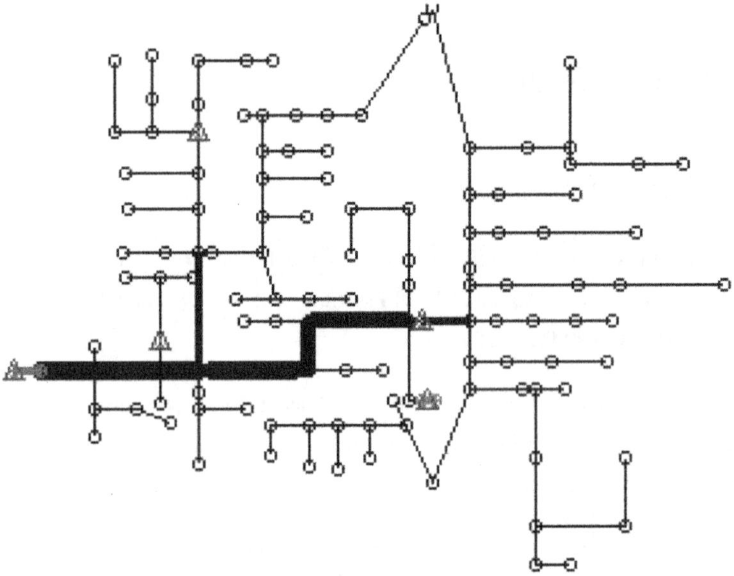

图 13-3　IEEE123 节点线路上的损耗

13.4.3　优化结果

图 13-3 为损耗在单线图上的表示，图中线路越粗，表示其损耗就越大，从图中可以看出损耗最大的部分仍然在分布式电网的入口处。利用算法求解 IEEE8500 节点测试系统的损耗图如图 13-4 所示，从图中也可以看出优化后线损最大的部分，根据这些部分具体情况，也可以为线路改造提供规划方案。

表 13-3 为 IEEE123 测试系统和 IEEE9500 测试系统在优化后的数据比较。从表中可以看出，对于 IEEE123 系统来说，系统供电面积较小，线损率也比较小，优化后的线损率仅提高了 0.08%，而对于 IEEE9500 测试系统来说，其供电面积较大，线损率也比较高，达到 11.81%，而经过算法优化后，线损率降低了 0.88%。

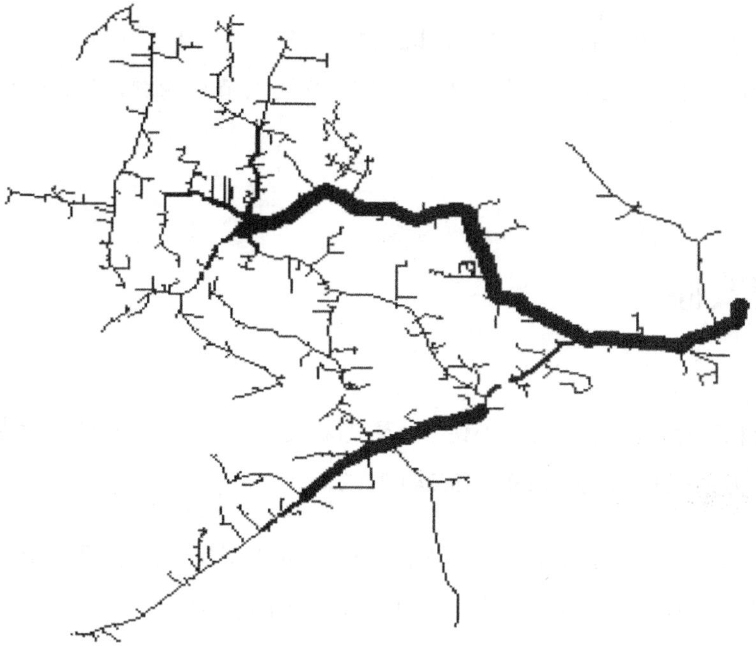

图 13-4 IEEE9500 节点线路上的损耗

表 13-3 不同测试系统优化后的线损率比较

测试系统	运行条件	线损量	线损率
IEEE123	初始状态	98kW	2.77%
	优化状态	95kW	2.69%
IEEE9500	初始状态	12725kW	11.81 %
	优化状态	11765kW	10.93%

5．结论

本章以美国电科院的开放式配电仿真系统分析为平台，结合内点法给出了三相不平衡分布式系统的潮流优化算法，该算法以网损和变压器三相电流不平衡度最小为目标，既兼顾了效率，又考虑到了设备的安全性，最后以 IEEE123 测试节点和 IEEE9500 测试节点为例，对算法进行了验证。

参考文献

[1] 江全元，黄志光，张铭泽. 暂态稳定约束最优潮流的降阶内点法[J]. 电力系统自动化. 2009，33(24):21-27

[2] 童小娇，贺恩锋，周任军. 带可变事故切除时间的暂态稳定约束最优潮流计算[J]. 控制与决策. 2011，26(11):1637-1644

[3] 赵晶晶，李新，许中. 含分布式电源的三相不平衡配电网潮流计算[J]. 电网技术，2009，33(3):94-99

[4] Sergio Bruno, Silvia Lamonaca, Giuseppe Rotondo, et al. Unbalanced three-phase optimal power flow for smart grids[J]. IEEE Transactions on industrial electronics, 2011, 58(10):4504-4513

[5] 赵洪山，陈博. 电力系统内-外点优化潮流算法[J]. 电工技术学报. 2010，25(4):129-134

[6] 柳进，常修猛，柳焯. 内点法在偶对潮流优化中的应用[J]. 电力系统自动化. 2007，31(5):29-34

[7] 李涛，杨桂丹. 考虑三相不平衡的配电网无功优化运行策略研究[J]. 广东电力. 2008，21(11):5-10

[8] OpenDSSManual. [EB/OL]. 2010-12-11. http:// sourceforge .net/ projects/electricdss/

[9] McDermott, T. E. Modeling PV for unbalanced, dynamic and quasistatic distribution system analysis[C]. Power and Energy Society General Meeting, Detroit, 2011:1-3

[10] QUINTANA V H, TORRES G L, PALOMO M. Interior-point methods and their applications to power systems: a classification of publications and software codes[J]. IEEE Trans on Power Systems, 2000, 15(1): 170-175

[11] RIDER M J, CASTRO C A, BEDRINANA M F, et al. Towards a fast and robust interior point method for power system applications[J]. IEE Proceedings: Generation, Transmission and Distribution, 2004, 151(5): 575-581

第 14 章　总结与展望

建设坚强智能电网是我国电力系统事业的重大科技创新和发展趋势，是我国实现能源和社会经济可持续发展的必然要求，智能电网的相关技术研究，已经成为当前学术界的一个热点课题。自愈是智能电网的标志性特征，本书根据智能电网自愈控制的相关概念、理论及最新研究成果，结合作者过去一段时间在大电网自愈控制方面取得的成绩，试图在复杂大电网的稳定性分析、智能电网自愈控制策略方面取得进展。本书主要研究内容概括如下。

第 1 章，针对本书出版的背景与发展趋势，指出当前电网发展所面临的技术问题和亟需解决的问题，提出智能电网实现自愈控制所需关注的相关技术与问题。

第 2 章，针对 N-1 故障会导致广域测量系统（Wide Area Measurement System，WAMS）丧失对系统的观测能力，提出一种保证 N—1 条件下，与关键线路相连的节点不失去可观测性的最优相量测量单元（Phasor Measurement Unit，PMU）的配置方法。该方法首先结合复杂网络理论模型和 N—1 故障模型识别系统中脆弱线路，并定义与脆弱线路相连的母线不可观测的系统鲁棒性损失模型；然后利用模拟退火法求出系统正常情况下母线全部可观测所需的 PMU 数目。以此为基础，逐步增加 PMU 数目，建立系统鲁棒性损失和经济性之间的关系，其可视化结果为规划人员提供了有力的决策支持。以 IEEE30 节点系统为例，对方法进行测试，实验结果表明该方法的有效性和实用性。

第 3 章，总结了现有连锁故障模型的不足，并据此在 OPA 基础上引入风险理论，依据线路风险值，确定是否扩容以及扩容力度，定义了扩容风险指标、扩容度函数，建立新的连锁故障模型，应用新英格兰 10 机 39 节点系统从故障概率、负荷损失、风险指标等，多角度对比新旧模型差异，从扩容延迟时间、风险评估间隔等方面讨论新模型的可信度，验证其优越性。提出新的电力系统连锁故障预防策略，给出使系统成本降到最低、最优风险指标的确定方案和对连锁故障影响较大的系统薄弱环节的判定方法，应用新模型验证其实用性。

第 4 章，结合 Monte-Carlo 抽样和朴素贝叶斯分类方法，提出了一种考虑不确定性的暂态稳定在线预测方法，该方法涉及系统中负荷、节点注入功率、故障切除时间、故障线路和故障位置等不确定因素。首先，利用 Monte-Carlo 方法进行参数抽样，对这些抽样进行聚类，以节省离线计算时间，在得到聚类样本的稳定性之后，还原初始抽样样本并整理离散变量；其次，为充分考虑不确定性造成的后果，引入风险理论，以风险最小原则构造朴素贝叶斯分类器，并将其应用于暂态稳定的在线预测；最后，以新格兰测试系统为例进行仿真，仿真结果表明，该方法具有精度高、概念清晰等优点，为考虑不确定性的暂态稳定在线预测提供了新的思路。

第 5 章，提出了一种基于相量测量单元（PMU）的暂态稳定自愈控制方法。该方法首先对系统进行离线仿真，记录失稳发电机在受扰情况下偏离电气故障中心的距离，对不稳定的功角曲线进行聚类，并提取特征曲线，生成失稳发电机的受扰轨迹模式库。利用发电机的广域测量短时上传数据，结合受扰轨迹模式库，判断该发电机的稳定性；如果该发电机失稳时间小于特定值，则将该发电机切除；如果该发电机失稳时间大于特定值，则启动自愈控制策略，切除部分发电机容量，以保证系统稳定运行。以新英格兰节点测试系统为例，证明了该方法的有效性和合理性。

第 6 章，为了快速切除故障并恢复供电，提出了一种基于多代理技术的分布式电网自愈控制模型。该方法将首先按照分布式电网物理器件特性，将代理分为馈线代理和负荷开关代理两类，将自愈控制过程分为故障检测、隔离和恢复三个阶段，同时考虑负荷开关拒动、通信阻塞等问题，给出了不同阶段的处理算法，并按照消息过程将系统分为六个状态，真正实现了对等的电网自愈多代理控制，其中方法逻辑清晰、实现简单，为分布式电网实现自愈控制打下了良好的理论基础。

第 7 章，利用相量测量装置（PMU）信号测量线路两端的相位差，捕捉系统失步解列断面。但是，当电力系统产生异步振荡时，将伴随强烈的功角和频率振荡，此时设置在失步中心附近的 PMU 仍能有效测量线路的穿越功率，但是相角测量的精度下降，严重影响了基于相角判断的失步保护装置的可靠性。针对上述问题，提出了一种新的基于 PMU 的捕捉失步解列断面的方法。该方法以有功功率三个连续的过零点之间的时间为一个周期，得到这个周期内的无功功率变化率曲线，如果这个曲线能与余弦曲线正交，则说明该线路为异步振荡的失步断面，其显著优点在于该方法的参数设置与系统运行方式和线路参数无关。以 3 机 9 节点系统和新英格兰系统为例，验证了方法的有效性。

第 8 章，指出由于风电具有间歇性和反调峰性，其大规模接入电网必将影响电力系统各个方面。针对大规模风电接入电网将会恶化系统调峰的问题，提出在现有电源结构的情况下，利用合理弃风提高大规模风电消纳能力的理论研究方法。首先，从风电反调峰性的角度论证了合理弃风的必要性和可行性；然后，利用 weibull 分布拟合等效负荷曲线并作为分析依据，量化弃风功率对调峰的改善系数和弃风对风电发电容量的影响；最后，以甘肃和陕甘青宁电网为例，对方法进行验证，结果表明，可以通过合理弃风放弃部分风电发电容量来改善系统调峰性能，提高大规模风电消纳能力，也可为电网规划人员提供决策支持。

第 9 章，指出利用负荷需求响应，可为风电等间歇性电源提供备用，提高系统的经济效益，减少系统的调峰压力。提出了一种基于负荷需求响应提高风电并网规模的多目标优化方法，该方法首先按照负荷需求响应的功能，将其分为可中断负荷和用电激励两个部分，定义了两者对等效负荷数据的概率密度函数和调峰容量的影响，然后分别提出了收益优化目标函数和调峰容量目标优化函数，量化需求响应与系统收益和调峰容量之间的比例关系。最后以甘肃和陕甘青宁夏季的等效负荷数据，对算法进行验证，论证了利用需求响应可有效提高风电并网规模，降低风电波动性对电网安全影响，为调度决策人员提供理论依据。

第 10 章，针对风电具有间歇性、随机性和反调峰性特性，指出大规模风电接入必然给电网运行带来负面影响。从含大规模风电场电网经济运行角度出发，提出了一种计及大容量燃煤机组深度调峰和可中断负荷的优化调度模型。该模型首先给出了深度调峰和可中断负荷的费用补偿方法以及优化目标函数，然后利用内点法进行模型求解，给出了日前调度计划优化方法。最后以新英格兰测试系统为例，验证了算法的可行性和有效性。

第 11 章，针对现有特高压 AGC（自动发电控制）控制策略存在省网调缺乏协调、特高压联络线功率存在长时间波动现象等缺点，提出了一种基于非线性 PI 控制的抑制特高压联络线功率波动策略。该策略在设置网调调节死区的基础上，结合网调和省调机组的实际出力，计算 ACE（区域控制误差），作为新的网调调节目标，不断调整比例、积分增益参数，使其随着 ACE 变化而变化，进一步提高其抑制特高压联络线功率波动的能力。最后，在提出的控制策略下对华中电网进行仿真计算，仿真结果表明了该控制策略的有效性和合理性。

第 12 章，把风电场功率圆的稳定性作为评估配电网稳定性的依据之一，计算功率圆的电压稳定性、电网架构安全性和用户用电的可靠性等指标，提出配电网的安全性综合指标。分三种情况对电压稳定性进行评估，①风电场并入网络时，计算流进负荷点的冲击电流，得到电压波动情况，评估网络电压稳定性；②风电场切出网络时，计算负荷点失去电压支撑的大小得到电压跌落情况，评估网络电压稳定性；③风电场间歇输出功率时，考虑风电场改变配电网的功率潮流，重新构造电网电压稳定指标，根据风电场的有功和无功判断系统电压稳定性。最后以 IEEE123 节点系统为例，验证了风力发电的配电网电压稳定评估框架的有效性。

第 13 章，指出目前分布式电网的潮流优化算法主要面对三相功率平衡系统，对于三相不平衡系统进行分析的算法介绍较少。利用内点法，结合美国电科院的开放式配电仿真系统分析（OpenDSS）平台，提出了三相不平衡分布式电网潮流优化算法的研究。该算法以网损和变压器三相潮流不平衡度最小为目标，以系统潮流、发电机和线路极限容量为约束，以变压器分接头和电容器投切为控制变量，建立了优化函数，利用内点法作为优化算法，以 OpenDSS 为计算平台。最后以 IEEE123 测试节点和 IEEE9500 测试节点为例，验证了算法的有效性和实用性。

第 14 章，对全书所有章节进行总结。